U0128863

计算机及应用专业职业教育新课改教程

Flash 动画设计与制作项目教程

主　编　薛玮玮

参　编　邓　详　肖海俊

机 械 工 业 出 版 社

本书以项目教学法为指导，以一个虚拟人物小言为引导线，通过他遇到的一个个具体的工作单来引出系列项目内容，引导读者与该人物一起边做边学，循序渐进地利用 Flash 做出各种各样的动画实例，增强实战经验。

本书分为十个项目。书中有针对性地选择了几个案例，讲述从作品构思、角色设计、分镜头绘制、原画创作到动画制作的全过程。在讲授 Flash 软件知识的同时，渗透原画知识与动画设计基础知识，培养进行整体设计与制作动画的能力。

本书内容丰富，知识点全面，讲解通俗易懂，操作性强。为方便教师教学和学生学习，本书有随书配套光盘，包括实例、素材、电子教案供参考使用。

本书可作为职业学校计算机应用及相关专业的教材，也可以作为广大动画设计爱好者的学习和参考用书。本书的特色是融艺术性与实用性为一体，培养学习者熟练使用 Flash 进行动画设计与制作，将来能够从事于动漫设计与制作、网页设计、广告设计、多媒体等专业与行业。

图书在版编目（CIP）数据

Flash 动画设计与制作项目教程/薛玮玮主编. —北京：机械工业出版社，2010.6

计算机及应用专业职业教育新课改教程

ISBN　978-7-111-30622-1

Ⅰ. ①F⋯　Ⅱ. ①薛⋯　Ⅲ. ①动画—设计—图形软件，Flash—教材

Ⅳ. ① TP391.41

中国版本图书馆 CIP 数据核字（2010）第 084413 号

机械工业出版社（北京市百万庄大街 22 号　邮政编码 100037）
策划编辑：孔熹峻　　　　　　　责任编辑：蔡　岩
责任印制：杨　曦　　　　　　　封面设计：鞠　杨

北京双青印刷厂印刷

2010 年 7 月第 1 版第 1 次印刷

184mm×260mm·13 印张·315 千字

0001 － 3000 册

标准书号：ISBN　978-7-111-30622-1
　　　　　　ISBN　978-7-89451-588-9（光盘）

定价：30.00 元（含 1CD）

凡购本书，如有缺页、倒页、脱页，由本社发行部调换

电话服务　　　　　　　　　　　网络服务
社服务中心：(010) 88361066　　门户网：http://www.cmpbook.com
销售一部：(010) 68326294
销售二部：(010) 88379649　　　教材网：http://www.cmpedu.com
读者服务部：(010) 68993821　　**封面无防伪标均为盗版**

前　言

读者对象

本书内容丰富，知识点全面，讲解通俗易懂，操作性强，可作为职业学校计算机应用及相关专业的教材，也可以作为广大动画设计爱好者的学习和参考用书。

职业目标

Flash 是一个网络媒体制作工具，是应用于网络电视动画、游戏娱乐开发、软件系统界面、手机领域开发、Web 应用开发等十几种应用行业的主要软件，是职业学校动漫专业、计算机专业、广告设计专业的必修内容，也是学习其他相关软件的基础。

通过该软件的学习，能使学生掌握使用 Flash 进行动画设计与制作，将来能够从事于动漫、广告设计、网页设计、多媒体等专业与行业。

本书特点

在新课程改革的背景下，改变传统的教学模式，把整个学习过程分解为一个个具体目标任务，设计出一个个项目教学方案，从激发学生兴趣入手，将枯燥的理论转化为有趣的实践，让学生在操作过程中掌握动画的精髓。以一个虚拟人物为引导线，引领学习者由浅入深地按照本教材进行学习，循序渐进地利用 Flash CS3 做出各种各样的动画，增加实战经验；并把基础知识穿插在具体任务之中，将散落的珍珠穿成项链，灵活地根据难易程度融入各个阶段的项目中，让学生在完成任务的过程中学习知识、技能，最终形成真正的技能，做出动画作品，实现学习与工作的无缝对接。

本教材细分为十个项目。在学习 Flash 软件的同时，渗透原画知识与动画设计基础知识的讲解，让学生逐步了解如何运用 Flash 进行动画设计与制作。

教师可根据专业计划、在专业学分中所占的份额、教材的难易、学生实际基础来确定每一个项目所需的课时数。

编写队伍

本书由薛玮玮主编，邓详、肖海俊参与编写。其中，薛玮玮编写项目 1、2、3、6、8；肖海俊编写项目 5、7、9；邓详编写项目 4、10。主编薛玮玮一直从事本专业的相关工作，具有丰富的创作经验与教学经验，曾获得江苏省技能大赛教师组二等奖、市教学比赛一等奖；创作的动画《小按钮讲安全》曾获江苏省电力公司 Flash 比赛二等奖，辅导学生多次获得各种奖项。参编邓详、肖海俊有娴熟的操作技能、丰富的创作经验与足够的教学经验，曾获市技能大赛教师组一等奖、省技能大赛教师组二等奖、市职教教学比赛一等奖等各种奖项。

致谢

本书在编写过程中，得到学校领导及很多朋友的支持，在此一并表示衷心的感谢。由于写作水平有限，书中难免有不足之处，欢迎读者批评指正。如果读者在学习过程中有什么问题，欢迎与本书的作者（media_cn@126.com）联系交流。

编　者

目　　录

项目 1　初识 Flash CS3

　　"我爱动画，我要成为真正的动画人！"这是很多酷爱动画的年轻人的宣言。小言也是个酷爱动画的年轻人，他的梦想是成为"金闪客"（"闪"指 Flash，因为 Flash 的英文原意为闪动、闪烁。"客"指从事某种工作的人。"闪客"——从网络流行而来的词语，指通过 Flash 从事艺术表达和设计的人员。"金闪客"自然是其中佼佼者的酷称。）

　　小言把自己的兴趣发展成了事业，自主创业成立了一个小小动画工作室。接下来将由他遇到的具体的工作单来逐步引出一个个项目内容。大家与小言一起边做边学，循序渐进地利用 Flash CS3 做出各种各样的动画，增加实战经验，锻炼动画的设计与制作能力。

项目介绍

任务 1　进入神奇的动画世界

一、任务目标

1. 了解动画，明确动画人应具备的素质。
2. 了解动画的原理。
3. 能够明确动画的分类以及传统动画与计算机动画的特点。
4. 了解二维动画与三维动画。

二、任务引入

　　观赏各种类型的优秀动画片，要有传统的动画片与 Flash 动画。推荐好莱坞动画《花木兰》、《狮子王》等，迪斯尼动画片《猫和老鼠》、日本宫崎骏的《千与千寻》、《天空之城》等系列动画片，中国的《我为歌狂》，卜桦的 Flash 动画系列，涵丹的水墨 MV《浣纱女》，蜡笔 X 的《游乐场》，小小系列动画作品，小破孩系列《佐罗应聘》……

三、动画概述

　　提起动画，大家都有充分的感性认识，经典的《米老鼠与唐老鸭》、《猫和老鼠》、《白雪公主与七个小矮人》、《小蝌蚪找妈妈》、《哪吒闹海》……现在正在热播的《喜羊羊与灰太狼》等，都是耳熟能详的动画片。这些动画片中的形象更是随着各种广告、商品进入了我们的生活。让我们的生活更加丰富多彩，充满童趣！动画已不仅是儿童的专属，甚至越来越多的成年人，也沉醉在动画王国中感受单纯的美好。

但究竟什么是动画？可能很多人都难以真正说清楚。这个看似简单的问题却引发了许多中外动画专家和著名的动画导演展开热烈深入的讨论。这个问题对于未来将从业动画或已从事动画工作的人员来说，是首先必须搞清楚的。

"动画"，大家通常喜欢从字面上解释为"会动的图画"。虽然这个解释很不严谨，但确实很容易让人理解。"动"和"画"是"动画"的两个根本。"画"是基础，艺术性的东西要求多一点；"动"则对技术和经验有较高的要求。可以说，动画是技术和艺术的结合。

动画（Animation）一词，源于拉丁文 Anima，有灵魂之意。指赋予图画以生命。由于动画艺术的发展，动画片的形式和表现手法越来越多样，除了绘画以外，还包括了剪纸、木偶、泥塑等所有以平面或立体美术形式所制作的影片。我们把人为绘画或是制作的、表现形体运动过程的一幅幅图画，或是木偶的一个个分解动作的画面，采用现代摄影技术逐格地拍摄并记录到胶片上，再通过放映机械，以视觉能够产生动感的适当速度，连续地呈现到荧幕上使其活动起来的形式统称为"动画"。采用这种逐幅拍摄方法拍摄出来的影片被统称为"动画片"。由上可看出，"逐格摄制"是动画定义的核心。

没有一成不变的概念，尤其是这个与科技发展息息相关的动画。而动画既是时尚的、新兴的文化产业，其历史又是悠久的。早在两万五千年前的石器时代，古人类的洞穴上就有野牛奔跑的分析图。这是人类试图捕捉凝结动作的表现。还有中国唐朝出现的皮影戏，这是一种由幕后照射光源形成影子来进行表演的方式，如图 1-1 所示。

图 1-1　皮影戏

1909 年，美国人 Winsor Mccay 用一万张图片表现了一个动画故事，这是世界上公认的第一部动画短片。从此以后，动画片的创作和制作水平日趋成熟。

1928 年，著名的 Walt Disney 把动画影片推向了顶峰。他在完善了动画体系和制作工艺的同时，把动画片与商业结合起来，从而被人们誉为商业动画之父。他创办的迪斯尼公司为我们创造了许多经典的动画片，如图 1-2 所示。

图 1-2　迪斯尼公司出品的动画

图 1-2　迪斯尼公司出品的动画（续）

此后，动画设计与制作逐步成为一项专门的职业。计算机技术的发展使动画的制作变得更加简单。如 Flash、After Effects、Maya 等软件，同时也进一步促进了动画事业的发展。

综上所述，我们了解到动画是集美术、电影于一体的综合学科，是建立在现代科技基础上的极具想象的视听艺术形式。所以大家要想学好动画，除了需要绘画、雕塑等造型基础，还要增强影视理论基础、计算机动画应用基础等多方面的文化素质与艺术修养。

还有要强调的是，虽然人们理解的动画是"会动的图画"，但对于我们动画专业人员来说，其实应理解成"画出来的动"。这就要求动画工作者不能只具有绘画功底，"运动规律"、"时间节奏的控制"、"动画的夸张变形"都是学习的重点。所以在日常生活中，注意仔细观察，积累素材、经验。要多画多想多练，心、眼、手多方配合。

四、动画的原理

静止的图画是如何活动起来的？这是现代动画诞生的关键。它的基本原理与电影、电视一样，都是视觉原理。"逐格拍摄动作后，连续放映画面，因为人眼的视觉残留现象，人们看到了运动的假象。"有所不同的是，电影、电视画面是真实拍摄物体运动得来的影像，并以每秒 24 格（Frame，即"帧"）画面的速度播放。而动画的每一幅影像（图画），都是动画人员的艺术创作，具有高度的假定性。

实际上那些图画就每一幅而言，仍然是静止的。只不过是由于画幅的迅速更替使它们之间形成差异的变化，在人眼产生视觉生理和心理的作用下，由视觉感官形成的一种运动幻觉。动态图画的创造和实现，是人们基于对人眼睛生理的认识与视觉心理的理解，也是掌握和运用了人的视觉生理现象和心理作用的结果。

1．视觉生理作用

视觉残留，指人眼所观察的物体突然消失、迅速改变位置或形状后，由于视觉的滞留性，该物体的影像仍会在人眼视网膜上保留 0.1s 左右的时间。比如：晚上看着点燃的蜡烛或灯光，当蜡烛或灯光熄灭后，还有个火苗的影子或亮点。手拿点燃的烟头，在黑暗中挥舞手臂，烟头的亮点成了线。风扇旋转时看成了圆盘等，都是视觉生理作用的结果。

2．视觉心理作用

人的经验能将连续出现在眼前的某一运动各阶段静止的画面，自然地联系起来，形成运动的幻觉，产生动感，即似动现象，是人眼视觉的一种心理作用。

利用上述的原理，在一幅画面还没有消失前播放出下一幅画面，就会给人造成一种流畅的视觉效果。后来，人们针对"视觉残留"现象，对眼前突然消失的物像在视网膜上暂停的时间，以及快速翻动的画面能够产生连续动作所需的最佳时速，深入地进行了研究并经过长期反复的试验，将现代电影的拍摄与播映的速率，时间与画幅比的关系，最终定为 1 秒 24 格。电视采用每秒 25 格（PAL 制）的速度拍摄播放。如果以每秒低于 24 幅画面的速度拍摄播放，画面就会出现停顿现象。

动画的产生虽然早于电影，但真正意义上的现代动画，却是在电影出现之后才发展起来的。虽然建立在现代科学技术基础上的动画艺术，虽然不断地发展和提高，为我们带来了神奇的感受与欢乐，但就其基础原理并没有改变。

五、动画的类型

动画的分类没有唯一的标准，暂且归纳为五大类。

1）从制作技术和手段看，动画可分为以手工绘制为主的传统动画和以计算机为主的计算机动画。

2）按动作的表现形式来分，大致分为接近自然动作的"完善动画"（影视动画）和采用简化、夸张手法的"局限动画"（幻灯片动画）。

3）从空间的视觉效果上看，又可分为二维平面动画和三维动画等。

4）从播放效果上看，还可分为顺序动画（连续动作）和交互式动画。

5）从每秒播放的画面幅数来看，动画分为全动画（每秒 24 幅，如迪斯尼动画）和半动画（少于 24 幅，如三流动画），日本、韩国、中国的动画公司为了节省资金，往往用半动画做电视片。

六、传统动画和计算机动画

在这里，我们先着重分析一下传统动画和以 Flash 软件为例的计算机动画。

1. 传统动画

传统动画是以绘画形式为表现手段，通过拷贝台、定位尺来绘制动画，通过给原画加中割（中间画）的画法，绘制出一张张不动的，但又是逐渐变化着的动态画面。经过摄影机、摄像机或电脑的逐格拍摄或扫描，然后以 24 帧/s 或 25 帧/s 的速度连续放映或播映，便能使所画的动作在银幕上或显示屏上活动起来，这就是传统动画的制作流程。

也就是说我们看到的所有会动的人物、动物、器物和自然现象等，都是动画师们一笔一笔画出来的。工作量是相当的庞大。

2. 计算机动画

而计算机动画虽然原理是一样的，但大大简化了工作程序，减少了工作量。现在的动画创作人，只用一台计算机就制作出一部 Flash 动画片已经不是什么梦想！小言可说是身兼数职，既是导演，又进行原画、动画，后期合成等工作，可以随心所欲地进行创作。虽然一切由自己做主的感觉很好，但一是对动画人的要求很高，要求知识、技能很全面，要有一定的文化底蕴与艺术修养；二是要耐得住寂寞与辛苦。

　　用 Flash 制作的动画片与传统动画一样，利用帧即画面按一定的时间进行划分，这样每一合成帧（将各层的元素合并看待），就代表了传统动画中的一个画面。许多合成帧，也就是许多个画面按一定的顺序排列在一起，就组成了一个 Flash 动画片，如图 1-3 所示。

图 1-3　Flash 动画中的逐帧动画，每一帧代表一个画面

七、计算机二维动画与三维动画

1．从计算机动画技术的角度来了解二维动画与三维动画

（1）计算机二维动画　计算机二维动画指的是通过计算机制作的类似于卡通动画的平面动画。比如：影视类动画，如：电影《花木兰》、《千与千寻》等；Flash 动画，如：网上 TOM-Flash 动画频道、腾讯动画频道的动画作品等。网址：http://flash.tom.com，http://flash.qq.com。

在平面空间上，最基本的元素为点，由点组成线，线再构成平面，这个平面就称为二维空间，二维空间只有两个纬度（x，y）。

二维动画的技术基础是"分层"技术，将运动的物体和静止的背景分别绘制在不同的透明胶片上，然后叠加在一起拍摄（Flash 中的层就相当于这些透明胶片），可实现透明、景深和折射等不同的效果。由于计算机技术的迅猛发展促进了二维动画的发展，现在，完全手绘的动画早就不存在了，如今，二维和三维的界限也渐渐变得模糊起来。但只要动画角色是用手绘或鼠绘制作并一层层叠加上去的，那就还属于二维动画。

常用的计算机二维动画软件：Photoshop（用于制作场景与上色），Illustrator。

动画制作：Flash、Animator。

后期合成软件：After Effects、Premiere Pro、Combustion 等。

（2）计算机三维动画　二维空间只有两个纬度（x，y），而三维空间的图形比二维空间多了纵深度（x，y，z），空间里的对象由面变为体。三维动画因为表现出了三维空间感，更富有立体感与真实性。如：《冰河世纪》、《海底总动员》等。当然对计算机设备与技术的要求也更高。一个人完成就比较困难了，需要团队的协作。

常用的计算机三维动画软件：Photoshop（用于制作贴图、材质）。动画制作：Maya（大型三维动画软件）、3dmax。后期合成软件：After Effects、Premiere Pro、Combustion 等。

2．从工艺流程设置的岗位来了解二维动画与三维动画

因为动漫产业属于文化产业，有一定的工艺流程，因此可按工艺流程设置的岗位来了解二维动画与三维动画。

1）二维动画公司的岗位设置：编剧、导演、角色设计师、场景设计师、原画、动画师、场景绘制师、构图师、特效合成师、电脑上色等。

2）三维动画公司的岗位设置：编剧、导演、角色设计师、场景设计师、角色建模师、场景建模师、角色动画师、渲染师、构图师、特效合成师等。

任务 2　Flash 基础知识

一、任务目标

1．了解 Flash CS3 的特点。

2. 了解 Flash CS3 的工作环境，能够创建一个 Flash CS3 文档。

3. 能够明确 Flash 动画设计与制作的流程。

二、任务引入

打开 Flash CS3 的界面，学会新建 Flash CS3 文档并保存。

三、Flash CS3 的特点

Adobe Flash CS3 Professional 软件是用于为数码、Web 和移动平台创建丰富的交互式内容的最高级创作环境。它可用于创建交互式网站、丰富媒体广告、指导性媒体、引人入胜的演示和游戏等。由于它包含一个简化的用户界面、高级视频工具及与相关软件的惊人集成。因此用户可享受到 Adobe Flash CS3 Professional 软件的快速、流畅的工作流程。依靠 Flash CS3 和 Adobe Flash Player 软件可确保用户的内容尽可能地触及最广泛的受众。

Flash CS3 Professional 可用于 Microsoft Windows 并可作为适用于 Mac 的通用二进制应用程序，它是您获得成功所需的工具。

（1）Adobe Photoshop 和 Illustrator 导入　在保留图层和结构的同时，导入 Photoshop（PSD）和 Illustrator（AI）文件，然后在 Flash CS3 中编辑它们。使用高级选项在导入过程中优化和自定义文件。

（2）基于帧的时间线　使用传统动画原则所倡导的易于使用的、高度可控制的、基于帧的时间线（如关键帧和过渡），快速为您的作品添加动感效果。

（3）形状基元　轻松创建扇形边，圆化矩形角，定义一个内部圆半径，以及做更多事情。轻松调整工作区上的形状属性。以及使用包含的 JavaScript API 创建自定义形状。

（4）ActionScript 3.0 开发　使用新的 ActionScript 3.0 语言节省时间，该语言具有改进的性能、增强的灵活性及更加直观和结构化的开发。

（5）复杂的视频工具　使用全面的视频支持，创建、编辑和部署流和渐进式下载的 Flash Video。使用独立的视频编码器、Alpha 通道支持、高质量视频编解码器、嵌入的提示点、视频导入支持、QuickTime 导入和字幕显示等，确保获得最佳的视频体验。

（6）MP3 音频支持　通过导入 MP3 文件将音频集成到项目中，因为与 Adobe Soundbooth 集成，所以用户无需有音频制作的经验，即可轻松地编辑它们。

（7）丰富的绘图功能　用户可使用智能形状绘制工具以可视方式调整工作区上的形状属性，使用 Adobe Illustrator 所倡导的新的钢笔工具创建精确的矢量插图，从 Illustrator CS3 将插图粘贴到 Flash CS3 中等。

（8）可扩展的体系结构　利用 Flash 应用程序编程接口（API）可轻松开发添加自定义功能的扩展功能。

（9）将动画转换为 ActionScript　即将时间线动画转换为可由开发人员轻松编辑、再次使用和利用的 ActionScript 3.0 代码。将动画从一个对象复制到另一个对象。

（10）Device Central　使用 Adobe Device Central CS3（现在它已通过 Adobe Creative Suite 3 进行集成）设计、预览和测试移动设备内容。创建和测试可使用 Flash Lite 软件查看的交互式应用程序和界面。

四、Flash CS3 的工作环境

1．启动

用鼠标单击"开始"按钮，然后选择"所有程序→Adobe Design Premium CS3→Adobe Flash CS3 Professional"，如图 1-4 所示。用鼠标单击"Adobe Flash CS3 Professional"选项后，Flash CS3 便开始运行，运行结果如图 1-5 所示。

图 1-4　启动 Flash CS3

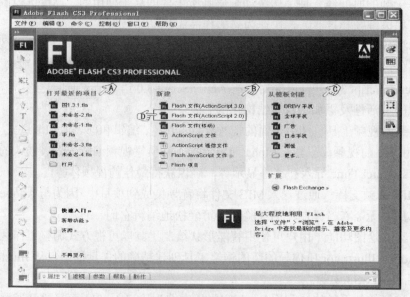

图 1-5　打开界面

2．新建一个空白的 Flash 文档

观察图 1-5，A 区作用是打开一个已编辑的 Flash 文档。B 区作用是新建不同类型的文档。C 区的作用是新建 Flash 已生成好的模板类型。在这么多的选项中，我们将要应用到的只有 D 处，即新建一个 ActionScript 2.0 的 Flash 文档。

将鼠标移动至 D 处（即 Flash 文档（ActionScript 2.0）选项上），用鼠标左键单击"Flash

文档（ActionScript 2.0）"选项，新建一个空白的 Flash 文档，如图 1-6 所示。

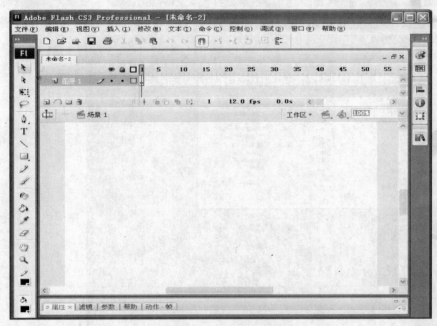

图 1-6　新建一个空白的 Flash 文档

3. 打开

点选选项列中的"文件→打开"，如图 1-7 所示。出现"打开"对话框，如图 1-8 所示。（或同时按<Ctrl>及<O>键。）

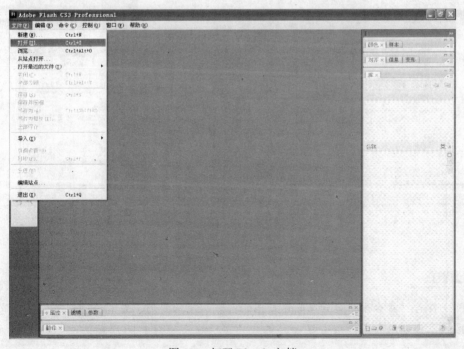

图 1-7　打开 Flash 文档

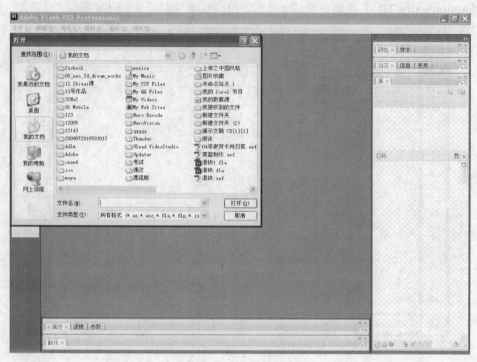

图 1-8　"打开"对话框

4. 保存

点选选项列中的"文件→保存",如图 1-9 所示。(或是同时按<Ctrl>及<S>键。)

图 1-9　保存 Flash 文档

知识链接

（1）舞台　舞台用来显示 Flash 文档的内容,包括图形、文本、按钮等,舞台是一个矩形区域,可以放大或者缩小显示,舞台的显示效果如图 1-10 所示。

图1-10　舞台

（2）时间轴　时间轴用来显示一个动画场景中每个时间单位内各个图层中的帧。一个动画场景是由许多帧组成的，每个帧会持续一定的时间，在每个帧中会显示不同的内容，如图1-11所示。

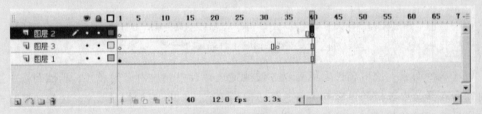

图1-11　时间轴

（3）帧和关键帧　在制作Flash文档的过程中，时间轴上包含文档内容的最小单位就是帧和关键帧，如图1-12所示。

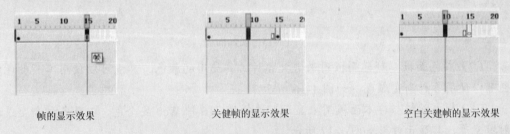

帧的显示效果　　　　　　　关键帧的显示效果　　　　　　空白关键帧的显示效果

图1-12　帧和关键帧

（4）图层　图层和Photoshop中的图层类似，在Flash CS3中图层互相叠加在一起，上面的图层中的内容会覆盖下面图层中的内容，如图1-13所示。

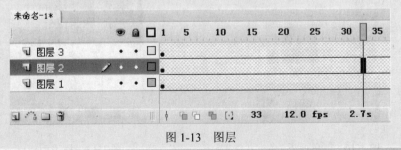

图1-13　图层

（5）工具面板　工具面板用来显示 Flash 中常用的各种工具，例如"选择"工具、"图形"工具、"填充"工具等。在 Flash CS3 中工具面板有两种显示方式：一种是单列显示；一种是两列显示。可以通过工具面板顶部的切换按钮，在两种显示方式中进行切换，如图 1-14 所示。

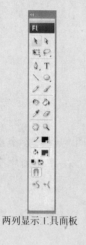

两列显示工具面板

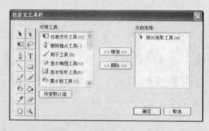

"自定义式工具栏"对话框

图 1-14　工具面板

（6）属性面板　使用属性面板可以方便地定义舞台中相应内容的属性，属性面板中显示的内容和在舞台中选择的内容有关。选择不同的内容（例如在文本、元件、按钮的属性面板中）会显示不同的属性，当选择内容为位图时，属性面板的显示效果如图 1-15 所示。

图 1-15　属性面板

（7）颜色面板　颜色面板用来定义各种工具使用的颜色。其中可以使用单一颜色，也可以使用各种渐变颜色，如图 1-16 所示。

（8）样本面板　样本面板用来显示可选择的 216 种 Web 安全色，以及各种渐变或放射填充等，其显示效果如图 1-17 所示。

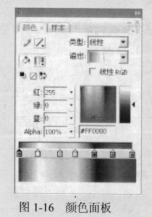

图 1-16　颜色面板

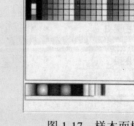

图 1-17　样本面板

五、Flash 动画设计与制作的流程

上面我们了解到"逐格摄制"是动画定义的核心，因此用 Flash 制作的动画可重新定义：逐帧制作的就叫动画。

对于不同的团队和不同的人，动画的创作过程和方法可能会有所不同。但大都可归纳为以下三个基本规律。主要分为前期、中期和后期。

1．前期制作

（1）前期策划　主要是明确该动画项目的目的和具体要求，进行简单的构思，安排好以后的工作计划。

（2）编剧　根据策划构思，创作文字脚本，同时对角色形象进行构思。

（3）美术设计　包括整体风格设计、造型设计（人物、动物、器物）、场景设计（氛围感）等，都是先在纸上画出草图。

（4）分镜头设计（即台本）　主要是将文字脚本用视听语言表达出来，表现导演的意图。使用电影分镜头的方法，将角色放置在不同的场景中，通过不同机位的镜头切换来表达剧情故事。

从本书的项目二就开始介绍一部动画片从角色设计到分镜头设计到原画创作的过程的具体实现。

2．中期制作

中期制作是指动画制作阶段。它是用 Flash 将分镜头的内容做成动画。

（1）录音（包括对白和背景音乐）　先录制好声音，再估算镜头的长短即帧数的多少。

（2）关键帧（原画）的产生　有的是在 Photoshop、Illustrator、Painter 里画的原图，有的是拍好照片在 Photoshop 里处理的，有的画好铅笔稿用扫描仪输入，有的直接在计算机里用软件 Illustrator、Painter、Flash 绘制。总之，哪个效果好、方便快捷就用哪种方法。

（3）中间画面的生成　利用计算机对两幅关键帧进行插值计算，自动生成中间画面。这是计算机辅助动画比传统动画快捷、精确的一大优点。

（4）上色　有的小短片，在原画上就已经上色，相对复杂的动画片在公司里有这样的流程运作。

（5）动画编排　将完成的各个镜头动画拼接起来。

3．后期制作

后期制作主要有添加音效、合成、编辑等工作。根据需要加上 Loading 预载动画、添加播放条或播放与重放按钮等，还要预演来测试动画，最后发布动画。

以下为某动画公司的动画制作流程图，如图 1-18 所示。

项目总结

由以上过程，大家可发现，就

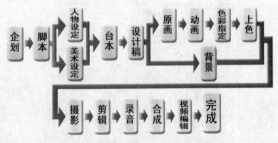

图 1-18　动画制作的全流程

算做一部最简单的 Flash 动画都与拍电影、电视一样要有导演、演员、美术设计、后期合成、编辑等，不过现在可简化到一个人来完成而已。

有位著名的美国动画家这样说："动画中包含了漫画家、插图画家、画家、剧作家、音乐家、摄影师和电影导演等艺术家的综合技能，这些综合的技能构成一种新型的艺术家——动画家。"所以说，动画艺术家首先是一位优秀的画家，然后，他还要有深厚的文化底蕴，独特的艺术见解，以及懂得编剧和了解电影语言。要做到这些，需要时间的积累和自己的不断努力。所以要成为真正的"金闪客"除了学好 Flash 技法，还需要了解多方面的专业知识。

 项目实践

1．什么是动画？谈谈你对动画的了解。

2．欣赏各种类型的动画片，写观后感。要从描述动画片的主题、风格，故事梗概、角色介绍（造型设计的特点）、最打动你的细节等方面写。

3．实训项目——新建名为"练习 1"的 Flash 文档并保存。

4．实训项目——制作一个"小球运动"动画。

项目 2　Flash 小短片——《小芽的故事》

小言接到的第一笔单子是幼儿园的王老师请他将童话散文《小芽的故事》做成卡通动画短片，作为教学影像资料，上课时放给小朋友们看。

 项目介绍

通过制作一个《小芽的故事》动画片的项目，了解并掌握卡通动画片设计与制作的整个流程。

一、剧情介绍

一个嫩芽儿从土地妈妈的怀里探出头来，就像一个胆怯的小姑娘。太阳照耀着她，春风抚慰着她，雨露滋润着她，她感到了温暖、亲切、舒畅。

于是嫩芽儿勇敢地抬起了头，张开双手，迎向阳光，迎向风儿，迎向雨露。慢慢地，它长高了，长壮了，就如一个朝气蓬勃的美丽姑娘，在春光里欢笑起舞。

二、项目目标

1. 学会分析剧本，分镜头绘制、角色设定。
2. 掌握使用 Flash CS3 的绘图工具绘制动画形象。
3. 了解时间轴的相关知识。
4. 掌握 Flash CS3 中的常用设计面板。
5. 学会制作简单的逐帧动画，形状补间动画。
6. 能完成一个形象生动、情节基本完整的动画短片。

 项目规划

一、项目分析

故事情节很简单，动作也不复杂，但画面要清新明亮，形象要活泼可爱，符合受众群（小朋友）的喜好。制作动画的首要任务是创作动画形象。从剧本中可看出共有 4 个卡通形象：小芽、太阳、风、雨露，其中小芽为主角。小言决定先将主角小芽的形象设计并绘制出来，再根据小芽的形象风格确定背景与其他形象的风格。

二、项目构思

1. 构思形象，角色设定。

2. 绘制分镜头台本。

3. 原画创作。

4. 动画制作。

项目实施

一、角色设计

角色设计是动画设计过程中最基础且最重要的阶段。在动画片剧本中，主要的角色形象塑造具有极其重要的位置，就像电影中的男女一号主角，成功的形象会深入人心，成为家喻户晓的明星。如：米老鼠与唐老鸭、猫和老鼠、喜羊羊与灰太狼、流氓兔等。由这些形象衍生出来的各类产品创造出不可估量的商业价值。

当然，小言这次项目中的形象设计不需要商业化，只要可爱就行。光画成一般人们脑海里的两片叶子的小芽没有特色，要将形象拟人化才吸引小朋友，小言决定将小芽定位为可爱羞涩的小姑娘，如图 2-1 所示。

图 2-1　小芽的形象

二、角色形象绘制

因为形象较简单，所以小言在草图上画了线描铅笔稿后就决定直接在 Flash 里绘制图形。

1. 首先绘制小芽身体

绘制小芽身体主要用到以下工具：

1）线条工具 ✎：用来绘制各种线条，可通过属性面板来设置线条的不同属性。

2）选择工具 ▶：进行选择、移动、复制、调整矢量线或矢量色块形状等操作。

3）部分选取工具 ▶：用以选取图像路径，并显示图像路径上的节点。可改变节点的位置和锚点来改变物体的形状。

4）钢笔工具 ♠：是一个万能的修整工具，也叫贝塞尔曲线工具。学过 Photoshop 的人会发现它与 Photoshop 中的路径工具一样。可采用贝塞尔绘图方式绘制出平滑流畅的矢量直线或曲线。

5）颜料桶工具 ♠：可用纯色填充、渐变填充以及位图填充对封闭区域或未完全封闭区域进行涂色。

提示

在 Flash 8 中有个填充渐变工具 ▦：主要用于调整渐变色的填充样式，使其产生较为丰富的变化，如移动渐变的中、心位置、调整渐变色彩的区域以及压缩变形渐变的样式等。现在在 Flash CS3 中，直接用颜料桶工具 ♠ 就可以画渐变，再用任意变形工具下的渐变变形工具进行编辑渐变，如图 2-2 所示。

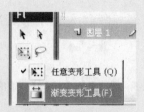

图 2-2　任意变形工具下的渐变变形工具

6）颜色面板：可调整笔触和填充颜色数值，还可调整 3 种渐变类型和导入位图，其中 Alpha 值改变色彩透明度。

知识链接

"对象绘制模式"是 Flash 8 新增的功能，在 Flash CS3 中仍然保留了这个功能。当选中绘图工具时，在工具栏下方的"选项"栏中会出现对象绘制按钮◎。在不按下◎按钮，并且同一图层的矢量图形或线条发生重叠现象时，会产生融合与切割的现象。

如果按下◎按钮，然后绘制两个不同的图形，可看到图形周围有淡蓝色的矩形框，虽然在同一图层但不会互相影响。用户可根据需要选择是否使用"对象绘制"模式。

【操作过程】

1）启动 Flash CS3。（在后面操作中将省略步骤 1）～3））

2）选择菜单栏中的"文件→新建"命令，新建一个空白 Flash 文档，命名为"小芽"。

3）可打开菜单栏中的"修改→文档"命令，出现"文档属性"对话框，如图 2-3 所示。

可在这里设置文档的大小、背景颜色、帧频和标尺单位等属性，单击"确定"按钮完成设置。

4）将鼠标指针移至线条工具，单击选中该工具 /。

图 2-3　"文档属性"对话框

5）先打开属性面板设置线条颜色与线型粗细。绘制颜色为#DAEBBF，线条属性为 10 的实线，如图 2-4 所示。

图 2-4　线条工具属性面板

6）在舞台上先画一条直线，再配合<Ctrl>键使用线条拖曳法进行修改线条，画出小芽的一片叶子轮廓，再设置颜色为#C6D868，用颜料桶工具进行填充。绘制步骤如图 2-5 所示。

图 2-5　用线条拖曳法画小芽的叶子

▶ **注意**

选中绘图工具时，按下在工具栏下方的"选项"栏中的对象绘制按钮◎进行绘制。

▶ **重要提示**

使用颜料桶工具进行填充时，在选项栏里有 4 种选择，要根据实际情况进行准确选择，如图 2-6 所示。

图 2-6　颜料桶选项

7）用线条工具画出边缘的阴影，设置颜色为#9CC643，用颜料桶工具进行填充。

8）再用线条工具画出中间的叶脉，颜色与叶子轮廓线一样，粗细为 5，完成左边的叶子（也可画个轮廓进行填充颜色后删除线条，会显得有粗细变化）。为了以后动画的需要，此时可将左边的叶子群组，如图 2-7 所示。

图 2-7　画叶脉

▶ **小技巧提示**

可用钢笔工具 ✎ 进行协助调整会更方便。如：用部分选取工具 ▶ 点击线条，显示节点，进行调整位置和锚点两边的杠杆（切线）。如果点少了，用钢笔工具 ✎ 在线段上点击创建点，如果点过多，可点击钢笔工具 ✎ 在锚点上删除多余的锚点，如图 2-8 所示。

图 2-8　调整小芽叶子轮廓

9）复制出另一片叶子，用任意变形工具 ▦ 转换成右边的叶子，为了丰富画面效果，可调整颜色，用选择工具稍微调整形状。

10）新建一个图层，命名为"叶茎"。（双击图层可修改图层名，将两片叶子的图层改名为"叶片"。）仍使用线条工具画出叶茎轮廓，在混色器面板中设置浅绿色为#DAEBBF，深绿色为#028701的线形渐变，用颜料桶工具从上往下拉渐变色，完成小芽身体的绘制，如图2-9所示。

图2-9　完成小芽身体的绘制

技巧提示

可用选择工具拖拉一个范围，一起选中，用快键<Ctrl+G>进行群组。解散群组的快捷键为<Ctrl+Shift+G>。

2．绘制小芽头部

为了使小芽更生动可爱，拟人化，小言决定再给小芽加上可爱的小脸蛋。

绘制小芽头部主要用到以下工具：

1）椭圆形工具○：可以绘制出光滑的椭圆形。（可直接用来画头部与眼睛）

2）缩放工具◌：可以在屏幕上查看整个舞台，或以高缩放比率查看绘图的特定区域时，更改缩放比率级别。舞台上最小缩小比率为8%，最大放大比率为2000%。

【操作过程】

1）在"小芽"Flash文档中，新建一个图层，命名为"脸"。

2）先设置线条颜色为无，颜料桶颜色为下面渐变色的第2个黑白放射渐变，如图2-10所示。

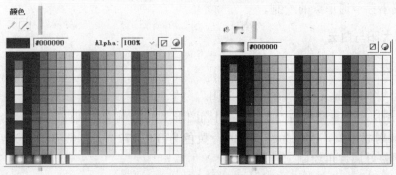

图2-10　设置"脸"的线条与颜色

3）用椭圆形工具○，按住<Shift>键画个正圆。

4）调整渐变色，设置深色部分颜色为#FFCC99，按<Enter>键确定，用填充渐变工具▤调整渐变大小与高光点，如图2-11所示。

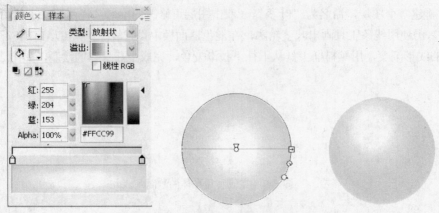

图 2-11　调整小芽脸部渐变色

5）同样用椭圆形工具 ◯ 画上两只眼睛，再用线条工具添上睫毛，使形象更加女性化。

6）用线条工具画上头发和嘴巴。为了使头发有光泽感，头发颜色用颜料桶填充为白色到桃红色的放射状渐变，桃红色数值为#FF3399；嘴巴颜色为白色到红色的放射状渐变，红色为#FE5656，线条为 10；如有时间还可以加上脸上的红晕，如图 2-12 所示。

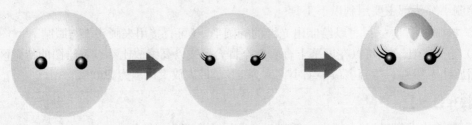

图 2-12　绘制小芽脸部过程

7）把头群组，放置在小芽身体的后面，即"叶片"图层的下面。

8）完成小芽卡通形象的绘制。

3．绘制太阳与白云

【操作过程】

1）新建一个 Flash 文档，命名为"太阳"。

2）将"图层一"重命名为"太阳"，用椭圆形工具 ◯ 画上正圆做太阳的脸，颜色是由橙色到黄色的放射状渐变，橙色为#FDB102，黄色为#FFF177；外围线条颜色为#FFFFCC，粗细为 6；先调整好属性再绘制。

3）在边缘画上如光芒般的花边，设置颜色为#F7983C 的橙红色，12 边的多边形。

技巧提示

在矩形工具组里选中多角星形工具，左击属性面板下面的选项，出现"工具设置"对话框。在样式选项里可设置多边形与星形，如图 2-13 所示。

图 2-13　星形设置

4）再画一个颜色为#FEFE78 的黄色，12 边的多边形，星形顶点大小设置为 0.3。

5）分别用椭圆形工具与线条工具画上五官，使之拟人化，完成图如图 2-14 所示。

6）白云的绘制很简单，新建一个图层并命名为"白云"，用椭圆形工具 ◯ 画出多个大小不一的椭圆形，从而融合成一朵白云，如图 2-15 所示。

图 2-14　画上太阳五官

图 2-15　白云的绘制

注意

太阳的眼睛、眉毛、嘴巴要分别做动作，所以用椭圆形工具等绘制时要点击对象绘制按钮 ◯ 才不会产生融合与切割现象。

而白云绘制时需要利用多个椭圆形产生融合现象，因此要取消对象绘制按钮 ◯。

4. 绘制风婆婆

绘制风婆婆主要用到以下工具：

1）铅笔工具 ✎：用于绘制不规则的曲线与直线。在属性面板里可选择线形，在工具面板最下面的选项里，可选择 3 种不同的模式，分别为"伸直"、"平滑"和"墨水"；"墨水"代表鼠标最自然的笔触，保留手迹最完整；"伸直"会把原本有弧度的线形强制变成平角；"平滑"与"伸直"正好相反，可使曲线变柔和并减少曲线整体方向上的突起或其他变化，同时还会减少曲线中的线段数，如图 2-16 所示。（注：铅笔画出来的是边框线）

图 2-16　铅笔工具面板中的模式

图 2-17　橡皮擦工具面板中的模式

2）橡皮擦工具 ∅：可以擦除不要的线条或填充物，还可以自定义橡皮擦工具使其只擦除线条或只擦除填充物的整体或局部。选中水龙头选项，然后单击要删除的线条或填充区域，可快速擦除。在工具面板最下面的选项里，可选择 5 种不同的模式类似于笔刷，如图 2-17 所示。

【操作过程】

1）用铅笔工具 ∅ 绘制风的外轮廓，用选择工具进行调整。

2）用颜料桶填充白色到白色的渐变，但要改变后面一个白色的透明度为 9%，以表现出风的飘逸感。

3）用橡皮擦工具 ∅，选擦除线条模式，只擦除部分线条，显出随意感。

4）分别用线条工具与椭圆形工具画上五官。完成效果如图 2-18 所示。

图 2-18　风的绘制图

三、分镜头设计

问题思考：在基本形象确定后，先想想你会如何表现这个剧本？

动画导演拿到脚本以后，首要的工作便是用电影的眼光重新审视和改造文字脚本，并按画面和声音的蒙太奇效果的要求进行分镜头设计。

一部动画片是由很多镜头组接而成，镜头是动画片最基本的单位。事先在草稿纸上画出一部动画片的每个镜头，叫分镜头设计。然后根据分镜头台本中每个镜头的动作制作动画片。

知识链接

分镜头剧本

分镜头剧本又称导演剧本、分镜头台本，是将影片的文字内容分切成一系列可以摄制的镜头，是供现场拍摄使用的工作剧本。分镜头是导演的一项重要工作，动画创作中编、导合一的情况也较多。分镜头是以人们的视觉特点为依据划分镜头，将剧本中的生活场景、人物行为及人物关系具体化、形象化，体现剧本的主要思想，并赋予影片以独特的艺术风格。分镜头剧本是为影片设计的施工蓝图，也是影片摄制组各部门理解导演的具体要求，统一创作思想，制定拍摄日程计划和测定影片摄制成本的依据。

动画分镜与实拍分镜有很多共同点，基本规律是一致的，实拍分镜的一些方法，也可以借鉴。不过动画分镜更细致，实拍分镜在绝大多数情况下不必逐个镜头画出草图，而动画片的分镜头剧本，却必须要逐个画出，而且草图不能太潦草。每个镜头的画面要深入到全部细节，实拍中摄影师在画面处理上会想到一些导演没有想到的处理方法，但动画片的分镜头已经限制了画面处理的有关问题和细节。这就要求在分镜的时候，要像摄影师那样思考画面处理的细节。

分镜头格式并无行业统一标准，不同的制作机构有自己的分镜头格式和画面表达方法。大多采用表格形式，格式不一、有详有略。一般说来，分镜头包括：镜号、景别、摄法、画面设计草图、内容、音乐、音响、镜头长度等。

（1）镜号

镜号是指标明某镜头的牌号，一部或一集的镜号应该是连续的，中间尽可能不出现断号，一般用阿拉伯数字1、2、3、4等表示。借用的镜头也要有自己的镜号，标出"同xxx镜"，以便于查找。在计算机动画的生产方式下，镜号应有明确的字头标记，如："A001"、"A002"、"A003"，以避免处理画面时文件名重号，通常用26个英文字母做镜号。

（2）景别

景别是标明各场景镜头远近的处理方法，如：远景、全景、中景、近景、特写等，作为拍摄时对镜头处理的提示。（在项目6中将详细介绍景别与摄法）。

（3）摄法以及效果提示

摄法是指镜头的角度和运动，如：镜头的俯、仰，以及推、拉、摇、移、跟、升、降、甩等。

（4）具体画面草图或示意图

具体的画面草图或示意图中要确切体现出角色、景别、背景、视野、朝向等全部画面要素及细节的安排。有推、拉、移处理的画面要标清起幅、落幅的画面范围和移动方向。起幅指运动镜头开始的画面，落幅指运动镜头终结的画面。大于一幅画的画面要画全并标清大致相当于多少个标准画面的宽度和高度。

如果画面有光源，要标清光照方向，并大致画出光源在人物身上形成的阴影。

画中有角色或物体运动的，要标出入画面位置、起点和终点位置等。

（5）内容提示

内容提示是指画面中人物的对话和动作（也包括画外音），有时也把动作和对话分开，分别列为两项。故事发生的时间，比如是白天还是夜晚，也要交代清楚。

（6）镜头长度

镜头长度是对镜头时间的大概估计。在Flash动画片中，直接用一个镜头所需的时间表示，如：几秒、十几秒等。

（7）音乐、音响和动效提示

对于特别需要强调的音乐、音响和动效应该作出明确标注，以确保后期创作、制作人员能够予以落实。

由于本项目故事情节简单，只在一个场景里发生，所以省去景别、摄法等，以下是小言绘制的分镜头台本，见表2-1。

表2-1 《小芽的故事》的分镜头表

镜　号	画　面	内　容	动　作	长度（秒）
分镜一		一个嫩芽儿从土地妈妈的怀里探出头来，就像一个胆怯的小姑娘。	一个嫩芽儿从石头后面慢慢冒出来……	
分镜三		春风抚慰着她。	春风朝着她吹，小芽迎风摆动。	
分镜四		雨露滋润着她。	下雨，小芽又长高了些……	
分镜五		于是嫩芽勇敢地抬起了头，张开双手，迎向阳光，迎向风儿，迎向雨露，慢慢地，它长高了，长壮了……	小芽完全伸展开来……	

四、原画创作

在动画公司里，原画是在分镜头和设计稿之后的工作步骤。原画是展现动画效果和风格的一个重要环节。严定宪先生在《动画技法》一书中说："原画的职责和任务是：按照剧情和导演的意图，完成动画镜头中所有角色的动作设计，画出一张张不同的动作和表情的关键动态画面。概括地讲：原画就是运动物体关键动态的画。"原画涉及到多方面的知识，在后面的项目中我们将进一步深入了解原画知识。

我们这里讲的原画包括场景设计和角色设计。角色设计在前面创作形象与绘制形象部分已经介绍了，接下来主要讲场景设计。

因为整个动画片采用童话风格，所以场景设计成清新、卡通的风格比较合适，以下着重介绍场景的制作。（有时因为时间关系，或客户的要求，可直接导入合适的照片或图片素材使用。）

场景的制作主要用到以下设计面板：

1）库面板：用于存储和组织在 Flash 中创建的各种元件。包括标题栏、预览窗口、文件列表及库文件管理工具等。"库"就像一间"道具管理仓库"，导入的各种文件和创建的元件就像存放在仓库里的"道具"，动画制作时，只需要把这些"道具"从库中拿出来，运用到舞台上去就行了，如图 2-19 所示。

2）对齐面板：该面板分为 5 大部分：

第一部分——对齐，就是所选物体的左边对齐、中间对齐等。

第二部分——分布：如上分布，指每个物体的上边缘的间隔相等，以此类推。

第三部分——匹配：把原来几个大小不同的图形改成大小一样的图形。

第四部分——间隔：指图形之间的距离相等。

第五部分——相对于舞台：指所有的居中，靠左靠右都是相对于舞台来测量的，可以用来把物体摆放到舞台正中央等，如图 2-20 所示。

信息面板：面板中会显示选择对象的信息。

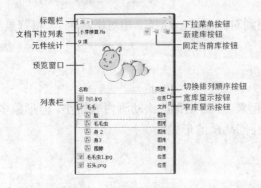

图 2-19　库面板详细说明

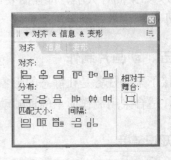

图 2-20　对齐、信息、变形面板

制作背景

涉及知识：在 Flash 中导入图片

知识链接

Flash 能够识别多种矢量和位图格式。Flash 常用的格式有 JPG、PNG、GIF、BTP 和 WMF 等图片文件，并且 Flash 还能对导入的图片进行压缩。导入外部图片时，可以选择导入到库里还是直接导入到舞台上。

注意

PNG 格式具有透明性，可使图像中的某些部分不显示出来，这样可以创设没有底色的即不显示背景的图形。常有些效果复杂而动作变化不精细的图形可以在 Photoshop 中画好存为 PNG 格式，再导入到 Flash 中使用。

【操作过程】

1）新建一个图层，双击图层改名为"背景"。

2）左击菜单栏中的"文件"命令，点击导入，选择导入到库，如图 2-21 所示。

3）在"导入"对话框中选中要导入的图片，这里选择光盘中的素材文件夹下的"\项目 2\项目 2 素材\背景 1.jpg"，单击打开，就导入到库里了。

4）再从库里找到该位图，选中拖曳至舞台，如图 2-22 所示。

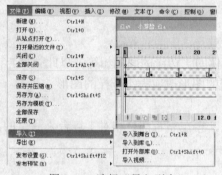

图 2-21　选择"导入到库"

图 2-22　导入图片至舞台

5）如果图片大小、位置需要调整，将用到对齐面板，选择"相对于舞台"，将背景与舞台大小匹配，放在舞台正中央。

五、动画片制作

接下来的任务是让静态的形象与画面动起来。小言觉得此次动画内容短小，但形象多变、生动，适合采用制作简单的逐帧动画与形状补间动画的形式。

知识链接

1）逐帧动画是指不用任何补间动画的一种最简单直观的动画，动画的每一个帧都在制作者的直观控制范围之内。主要适用于多变、生动、复杂的动画制作。但因为需要创建大量的关键帧，使文件较大，因此不利于在网络上传播。

2）形状补间动画是在一个关键帧中绘制一种形状的物体，然后在另一个关键帧中更改该物体的形状、位置或绘制另一种形状的物体，Flash 可在两者之间的各帧中自动创建形状逐渐变化的过渡帧，生成完整的动画。形状补间动画的要点是关键帧中的物体必须是形状。

形状补间动画可以实现两个矢量图之间颜色、形状、大小和位置的过渡，在 Flash 8 中其设计工具如图 2-23 所示。而 Flash CS3 中可直接在两个关键帧之间右击选择"创建补间形状"。

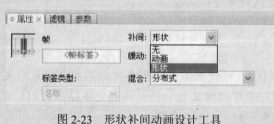

图 2-23　形状补间动画设计工具

动画片制作将用到以下设计面板：

1）时间轴面板：用于组织和控制文档内容在一定时间内播放的图层数和帧数，是 Flash 进行动画创作和编辑的主要面板，就好像导演的剧本，它决定了各个场景的切换以及演员的出场、表演的时间顺序。时间轴的主要组件是图层、帧和播放头。另外还包括一些信息指示器，如图 2-24 所示。

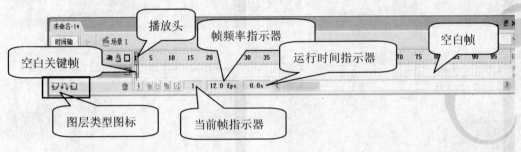

图 2-24　时间轴面板

2）变形面板：用来缩放或旋转对象。

知识链接

　　图层就像一层层透明的幻灯胶片一样，可以在舞台上一层层地向上叠加。每个图层都包含一个显示在舞台中的不同图像，在某一层上绘制和编辑对象，不会影响其他层上的对象。

　　帧是进行动画创作的基本时间单元，一帧就是一幅画面。关键帧是设计者精心创建、设计内容的帧。动画设计的主要工作就是创建一系列关键帧，然后由软件自动生成中间过渡帧，从而形成连续的动画。（按<F6>键或在指定帧上击右键插入关键帧，出现实心点；按<F7>键出现空心点插入的是空白关键帧），如图 2-25 所示。

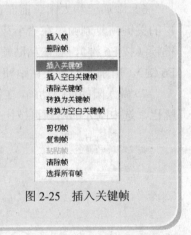

图 2-25　插入关键帧

【操作过程】

1）新建一个 Flash 文件，命名为"小芽生长"。

2）参照"制作背景"的方法制作动画背景。（导入背景图片，双击图层改名为"背景"。）

3）添加形象小芽。为了动画的需要，将"叶茎"与"叶片"分为两个图层，"脸"放在它们中间的图层。可打开"小芽"文档，右击关键帧复制帧，在"小芽生长"文档中粘贴帧。

4）从素材文件夹中导入"石头.png"文档，放在小芽的上面。

5）分别将叶茎、叶片、脸做逐帧动画，每隔 3 帧左右创建一个关键帧，分别逐一调整叶茎、叶片、脸的形状，做出一点点长大的感觉，如图 2-26 所示。

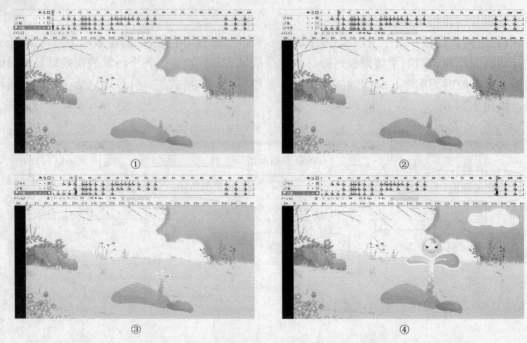

图 2-26　分别将叶茎、叶片、脸做逐帧动画

6）添加云和太阳。前面已经绘制了白云和太阳，打开"太阳"文件，右击"白云"图层的关键帧复制帧；在"小芽生长"文件中新建一个图层"白云"，在第 11 帧处右击插入关键帧（按 F6 键），右击粘贴帧。再新建一个图层"太阳"，在第 46 帧处右击插入关键帧（按 F6 键），用刚才的方法粘贴帧，添加上画好的太阳。

7）做太阳的逐帧动画。在第 46 帧后隔 5 帧插入一个关键帧并分别调整太阳的眉毛、眼睛、嘴巴。选中刚才的两帧再按住<Alt>键往后复制帧，做出太阳眨眼笑的动画，如图 2-27 所示。

图 2-27　太阳的逐帧动画

8）白云的飘移运动可做形状补间动画。在两个关键帧之间点击一下，在属性面板中选中形状补间，生成形状补间动画，如图 2-28 所示。

9）添加形象风。做逐帧动画，并添加上线条，营造风吹的感觉（由于实际制作效果的需要，将风改为从左边吹来。），如图 2-29 所示。

图 2-28 白云的飘移运动可做形状补间动画

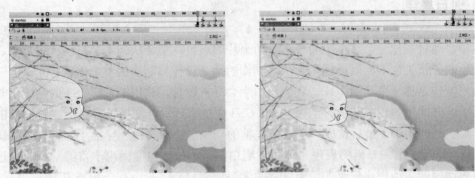

图 2-29 风吹的逐帧动画

10）做下雨的逐帧动画，用长短不一的斜线顺着雨势的方向依次画出以表现下雨的感觉。画 3 层雨，丰富雨的层次感，争取用最简单的方法达到比较丰富多变的画面效果，如图 2-30 所示。

图 2-30 下雨的逐帧动画

11）在几个场景中小芽一边摇摆一边渐渐长大、长高。

12）完成整个动画制作后，在控制菜单里点击测试影片命令或按<Ctrl+Enter>键生成动画进行测试影片，如图 2-31 所示。在开始存的"小芽生长.fla"的文件夹里会自动生成 swf 文件。

图 2-31　测试影片命令

 项目总结

本项目通过制作一个《小芽的故事》动画片的项目，学会从剧本分析、构思形象、角色设定、绘制分镜头台本、原画创作到动画制作的动画设计与制作的整个流程。

通过制作这样一个动画短片，我们从中学会导入图片，利用 Flash CS3 的绘图工具绘制形象，了解时间轴的相关知识，掌握 Flash CS3 中的常用设计面板；并学会制作简单的逐帧动画，形状补间动画，最后做成一个情节完整的动画短片。其中还穿插了面部表情动画练习与自然现象运动规律——雨的表现。使读者明白简单的技法也能做出丰富的动画。通过本项目要掌握动画的运动规律与原理，为以后的学习增强信心，与小言一起努力吧。

 项目实践

1. 画自画像，并卡通化。
2. 仿造太阳的表情变化，做小芽的面部表情变化。
3. 收集 QQ 表情。
4. 做心跳的动画。

项目3　Flash 卡通动画短片——《小芽故事续篇》

　　在项目 2 中，小言与我们一起制作的动画小短片《小芽的故事》得到了小朋友们的喜欢。他们并不计较技法的多少，只要画面色彩漂亮，形象可爱就看得很开心了。孩子们总是最宽容的，但小言觉得不能因此而辜负这些可爱的观众，一定要努力提高技能，做出高品质的作品，吸引更广的观众群，给大家带来愉悦的享受。现在机会又来了——这次幼儿园的王老师要上公开课，请小言在上次的基础上制作童话散文"小芽故事的续篇"，并提出一定要在规定时间内做好并保证质量。

 项目介绍

　　在上一个动画小短片的基础上，王老师提出了更高的要求，她要求再多加些动画，还要加上配音。使整个动画更完整、生动。

一、剧情介绍

小芽的故事

　　一个嫩芽儿从土地妈妈的怀里探出头来，就像一个胆怯的小姑娘。太阳照耀着她，春风抚慰着她，雨露滋润着她，她感到了温暖、亲切、舒畅。

　　于是嫩芽儿勇敢地抬起了头，张开双手，迎向阳光，迎向风儿，迎向雨露。慢慢地，它长高了，长壮了，就如一个朝气蓬勃的美丽姑娘，在春光里欢笑起舞。

小芽的故事续篇

　　毛毛虫爬呀爬，真累呀，嫩芽儿说："别走，别走，我帮你摇一摇，你就会变得更轻松。"

　　小蚂蚱要练习跳高，可怎么也跳不高，嫩芽儿说："别急，别急，我帮你弹一弹，你就会变得更勇敢。"

　　小蚂蚁被雨淋得发抖，嫩芽儿说："别怕，别怕，我帮你挡一挡，你就会变得更温暖。"

　　嫩芽儿心里多高兴啊：太阳、风儿、雨露帮助了我，我也会让更多的小动物们生活得更快乐。

二、项目目标

1. 进一步掌握如何分析剧本，进行分镜头绘制、角色设定。
2. 熟练使用 Flash CS3 的绘图工具绘制动画形象。

3．进一步理解帧和图层。

4．掌握声音在 Flash CS3 中的使用。

5．理解元件、实例和库，学会使用元件制作补间动画。

6．掌握虫子爬行、虫子跳、蚂蚁走等动作的运动规律。

项目规划

一、项目分析

上次《小芽的故事》动画短片虽然画面清新明亮、形象也活泼可爱。但总觉得有些单调，缺了些什么？一部好的动画片少不了动人的音乐，音乐能使作品增色不少，增加作品的感染力。所以这次王老师要求先给上次的作品加上音乐与配音，在开始上课前作为导入内容放给大家看。

然后请小言挑选一个优美、清新的背景音乐，做《小芽的故事续篇》的背景音乐。

这次动画中还增加了许多新的形象：毛毛虫、小蚂蚱、小蚂蚁。而且，它们还都要具有各自特色的动作与语言。包括主角小芽的形象也会有很多的变化。比如剧本中的第一句——毛毛虫爬呀爬，真累呀，嫩芽儿说："别走，别走，我帮你摇一摇，你就会变得更轻松。"嫩芽儿怎么摇呢？肯定不能再以上一篇中的形象出现了，可该用什么形象来摇呢？小言陷入了沉思……

读者朋友们，你们也来想一想，小芽变成什么形象来做摇一摇的动作更合适呢？

哈哈，让小朋友们来告诉你吧！充满想象力的小朋友们有的说："变成摇篮！"有的说："变成摇椅！"真希望我们能一直像小朋友们一样拥有无穷的想象力和创造力。

接下来小芽在第 2 段中变成了弹跳板帮助小蚂蚱练习跳高，在第 3 段中变成了雨伞的形象帮小蚂蚁挡雨。

从以上的分析可以看出本动画中共有 3 个新的卡通形象：毛毛虫、小蚂蚱、小蚂蚁，其中主角小芽会有 3 次变形。接下来，小言决定先将 3 个卡通形象单独绘制出来，再直接在 Flash 中将主角小芽的形象进行变化。

二、项目构思

1．构思形象，角色设定。

2．绘制分镜头脚本。

3．原画创作。

4．动画制作。

5．加入音效。

6．后期合成。

从以上项目完成的流程来看这次的动画将更完整、生动。

项目实施

一、角色设计

首先，小言要画一个毛毛虫的形象。根据剧本分析，其实我们上面的剧本严格来说并不能称为剧本。一部好的剧本必须具备视觉造型性，是由画面讲述出来的一个故事。而上面王老师给我们小言的只是一篇简单的文字稿，作为动画剧本肯定不行。小言必须自己进行二度创作，将较抽象的文字语言转化为生动、形象的画面语言。小言在学校里学过《动画编剧》，他也很喜欢表演，所以这些难不倒他。

"毛毛虫爬呀爬，真累呀……"从这句简单的话中，小言脑海中浮现出一个圆嘟嘟，行动缓慢的小毛毛虫来。

1. 毛毛虫造型设计方案

昆虫分为头、胸、腹三个部分，用基本的圆形组合显出毛毛虫的基本造型特征与可爱感，而且形象要便于在 Flash 中绘制，还要方便动作的实施。整个色调用黄绿色调显得与背景基调协调，符合虫子的形象。最后，还给毛毛虫加了个白色围脖，显得更可爱，如图 3-1 所示。

2. 小蚂蚱造型设计方案

蚂蚱身体采用翠绿色调，选用正在跳的动作。因为要表现色彩的渐变效果与投影感，小言决定在 Photoshop 中画出形象，存为背景透明的 PNG 格式，导入 Flash，如图 3-2 所示。（有时为了效果与方便的需要，我们会用其他软件辅助应用，充分利用和发挥其他动画软件的优势，采用技术整合方式来完成项目，从而弥补单一动画制作软件的不足。）

图 3-1　毛毛虫造型

图 3-2　小蚂蚱造型

小言心得

> 个人认为先学好 Photoshop 再学 Flash，会学得更快！而且像画面复杂，色彩丰富的背景等很适合在 Photoshop 里制作。

3. 小蚂蚁造型设计方案

根据"小蚂蚁被雨淋得发抖……"这句话，小言设计了一幅小蚂蚁抱着双肩，苦着脸的可怜模样。

　　而主角小芽这次为了变形的需要，忍痛割爱舍去那可爱的娃娃头了，这样比较方便做动作。根据剧情小芽将有 3 次变形，分别变为：摇篮、跳板、伞，如图 3-4 所示。

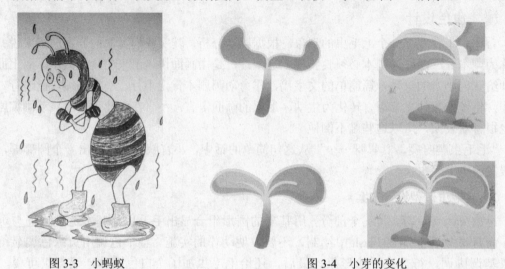

图 3-3　小蚂蚁　　　　　　　　　　　　　　　图 3-4　小芽的变化

二、角色形象绘制

涉及知识：元件、实例和库。

知识链接

　　元件是 Flash 中非常重要的一个概念，是可重复使用的图片、动画或按钮。元件就像演员一样，平时放在后台（元件放在库里），可随时再次到舞台上来表演。也就是说元件只需创建一次，就可以在整个文档或其他文档中重复使用。创建的任何元件都会自动成为当前文档库的一部分。当将元件从库中拖到当前舞台上时，舞台上就增加了一个该元件的实例，如图 3-5 所示。

图 3-5　将元件从库中拖动到舞台

使用元件能减少文件的尺寸，因为不管元件被使用多少次，它所占的空间也只有一个元件的大小。所以我们在制作动画时，要尽可能地使用元件或将各种元素转换成元件。这样不仅大大减少了文件的尺寸，也为修改与更新带来了极大的方便。

元件有图形元件（Graphic）、影片剪辑元件（MovieClip，简称 MC）、按钮元件（Button）3种类型。在"库"面板中显示了 3 种不同的元件类型，如图 3-6 所示。

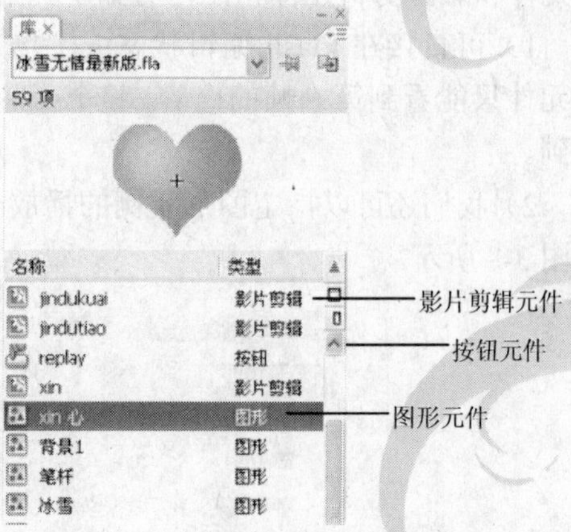

创建元件时，要选择元件的类型，这取决于元件在文档中的工作方式，以下简单地介绍这 3 种元件。

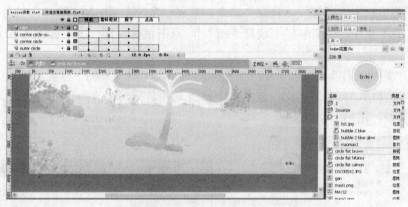

图 3-6　"库"面板

（1）图形元件

图形元件可用于静态图像，并可用于创建连接到主时间轴的可重用动画片段。它们拥有自己的时间轴，也可以加入其他的元件和素材，但是图形元件不具有交互性，也不能添加滤镜和声音。

（2）影片剪辑元件

影片剪辑元件是指创建一段完整的可重复使用的动画片段，它们拥有自己独立于主时间轴的多帧时间轴。它们可以包含图形元件、声音、交互式按钮和其他影片剪辑元件等一切元素，是主时间轴内的嵌套时间轴。

（3）按钮元件

按钮元件可以创建响应鼠标单击、滑过或其他动作的交互式按钮，可以定义与各种按钮状态关联的图形，然后将动作指定给按钮实例。共有 4 种状态：弹起、指针经过、按下和点击。

图 3-7　按钮元件

1. 毛毛虫形象的绘制过程（创建图形元件）

因为这次动画中角色较多，动作比较复杂，将使用到元件。这次主要用到图形元件，图形元件和影片剪辑元件相比，有如下几点优势：

1）可直接在 Flash 编辑状态或主场景舞台上看到图形元件的内容、演示，不像影片剪辑元件只能看到第一帧的内容，整个影片剪辑的内容演示只能输出为 SWF 动画文件后才能看到。

2）我们还可以指定图形实例的播放方式，如循环播放、播放一次和从第几帧开始播放，如图 3-8 所示。

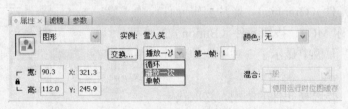

图 3-8　图形实例的播放方式

由于图形元件有这么多优点，因此，我们在实际制作动画片时，大多采用图形元件进行创作。

毛毛虫绘制主要使用的工具包括：线条工具 ，选择工具 ，颜料桶工具 ，椭圆形工具 ，任意变形工具 。毛毛虫完成形象如图 3-9 所示。

图 3-9　毛毛虫完成形象

【操作过程】

1）选择菜单栏中的"文件→新建"命令，新建一个空白 Flash 文件，命名为"毛毛虫"。

2）创建图形元件。在菜单栏上选择"插入"，点击鼠标左键，出现如图 3-10 所示的下拉菜单。

3）选择"新建元件"，出现如图 3-11 所示的对话框（按<Ctrl+F8>组合键，也可弹出"创建新元件"对话框）。可在"名称"文本框中修改元件名称，修改为"毛毛虫"。在类型选项中选择元件类型：图形。

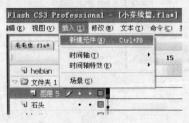

图 3-10　选择"插入"命令

图 3-11　"创建新元件"对话框

4）单击"创建新元件"对话框中的"确定"按钮，这时 Flash 会将该元件添加到库中，并切换至该元件编辑界面，在元件编辑界面中，元件的名称将出现在时间轴的下方，在工作区中将出现一个十字，代表该元件的中心点，如图 3-12 所示。

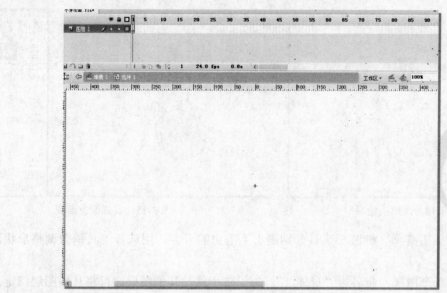

图 3-12　元件编辑界面

5）在舞台上先用椭圆形工具○画一个正圆，按住<Shift+Alt>键画出以中心点为圆心的正圆。不要填充颜色，只要黑色边框，线条粗细属性设置为：2.25 的实线。如图 3-13 所示。

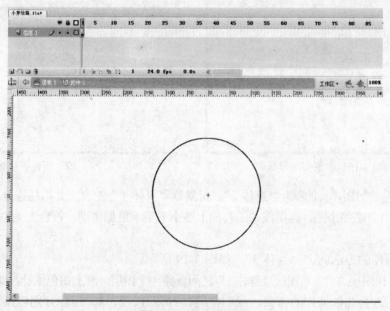

图 3-13　画一个正圆

6）再使用选择工具 ，配合<Ctrl>键运用线条拖曳法修改线条，画出小毛毛虫的头部轮廓，绘制步骤如图 3-14 所示。

7）再在混色器面板中设置颜色为#F8DD72 到#BDDB3D 的黄绿色放射状渐变，用颜料桶工具  进行填充，如图 3-15 所示。

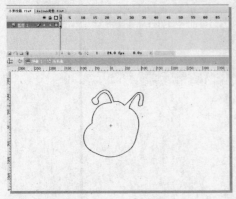

图 3-14　画出头轮廓

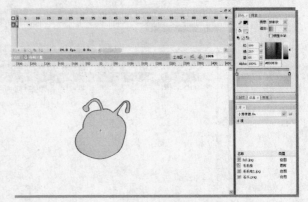

图 3-15　设置颜色渐变

8）用线条工具 、椭圆形工具分别画上毛毛虫的五官，用选择工具稍微调整形状，如图 3-16 所示。

9）新建一个图层，命名为"身体 1"。为了防止移动其他图层，可将其他图层锁定。仍使用椭圆形工具画出圆嘟嘟的身体轮廓，在混色器面板中设置浅黄色为#F1FB95，深点的黄色为#EFC621 的线性渐变，用颜料桶工具从上往下拉线性渐变色，如图 3-17 所示。

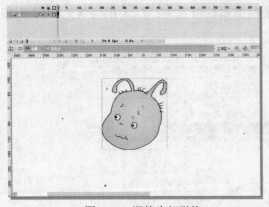

图 3-16　调整头部形状

图 3-17　新建图层为"身体 1"

10）新建一个图层，命名为"身体 2"。可复制"身体 1"轮廓，并用任意变形工具 进行缩放比"身体 1"略缩小些，再用线条工具加上些小毛毛，更加生动，符合毛毛虫的感觉，如图 3-18 所示。

11）用同样的方法画上"身体 3"，如图 3-19 所示。

12）最后在图层"头"与图层"身体 1"之间新建一个图层，画上白色围脖，如图 3-20 所示。

13）为了过会儿做动作的需要，我们将脸、身体 1、2、3、围脖分别转换为图形元件。选定需要转换的对象，在需要转换的图形上点击鼠标右键，选择下拉式菜单上的"转换为元件"，如图 3-21 所示。出现如图 3-22 所示的对话框，在"名称"文本框中修改元件名称，修改为"脸"。在类型选项中选择元件类型：图形。按"确定"按钮，在库面板里就会出现该元件。完成图如图3-23所示。

图3-18 新建图层为"身体2"

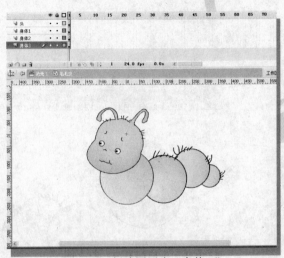

图3-19 新建图层为"身体3"

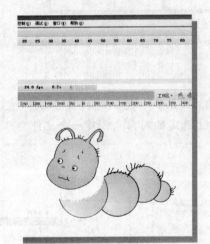

图3-20 画白色围脖

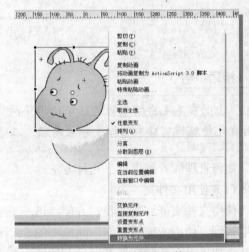

图3-21 选择"转换为元件"

图3-22 "转换为元件"对话框

图 3-23 毛毛虫形象完成图

技巧小结

> 上面在毛毛虫绘制的过程中使用了两种创建元件的方法。一是创建一个空元件，然后在元件编辑窗口中制作或导入内容。二是通过舞台上选定的对象来创建一个元件。

如何管理库？可用以下几种方法：

（1）使用文件夹

使用文件夹能够帮助我们方便、迅速地找到、调用或编辑"库"面板中的文件。如果没有新建文件夹，导入的图形、声音文件或创建的新元件等就会存储在库的根目录下。

新建文件夹有两种方法：

1）单击"库"面板左下角的新建文件夹按钮，如图 3-24 所示。

2）在"库"面板的下拉菜单选择"新建文件夹"命令，如图 3-25 所示。

文件夹图标和 Windows 资源管理器一样，可以展开、闭合。可以把其他文件拖到一个文件夹中，也可以将文件

图 3-24

图 3-25

从一个文件夹拖到另一个文件夹中，如果新位置中存在同名文件，Flash 会提示您是否要替换

正在移动的文件。

（2）重命名

双击要重命名的文件或文件夹名称处，看到该文件或文件夹名称处呈蓝色可编辑状态，输入新名称即可。

（3）复制元件

有些形状类似的元件可直接复制，以提高工作效率。比如毛毛虫的圆身体，身体 1、2、3 差不多，可以直接复制稍加修改后使用，如图 3-26 所示。

（4）打开外部库

在制作动画过程中，我们还可以从其他 Flash 动画库中调用元件进行使用。也可以直接使用菜单命令打开外部库。

图 3-26　直接复制元件

①执行菜单"文件"→"导入"→"打开外部库"，弹出"作为库打开"对话框。如图 3-27、图 3-28 所示。

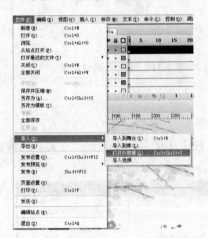

图 3-27　使用菜单命令打开外部库

图 3-28　"作为库打开"对话框

②单击打开，则该文件的"库"面板会出现在舞台上，如图 3-29 所示。

③这时就可以将需要的元件从该"库"面板中拖入舞台，拖入的元件即成为当前动画的实例，同时该元件也被复制到当前文件的库中。

技巧提示

外部库文件必须是 Flash 源文件，即扩展名为 ".fla"。扩展名为 ".swf" 的 Flash 动画文件不能作为外部库文件打开。

2．小蚂蚱形象

小蚂蚱将在 Adobe Illustrator CS3 中画好。直接复制到 Flash 动画

图 3-29　打开的外部

中。（素材在"项目 3\项目 3 素材"文件夹中，在下面整个《小芽续篇》动画的具体制作过程中再详细讲解导入过程。）

3．小蚂蚁形象的绘制

小蚂蚁的形象也较复杂，小言将纸上画好的形象扫描到 Photoshop 中，保留头部、躯干部分，如图 3-30 所示。

在 Flash 中分别画出要做动画的五官与走动的腿脚，如图 3-31 所示。（也可全在 Flash 中画出）

图 3-30　小蚂蚁部分形象　　　　　　　　　　图 3-31　画出小蚂蚁形象

【操作过程】

1）创建新图形元件"蚂蚁"，按"确定"按钮，如图 3-32 所示。

2）在图形元件编辑窗口中，导入"项目 3 素材"文件夹中的"mayi1.png" 文件到舞台上，放在图层 1。改图层名为"身体"，如图 3-33 所示。

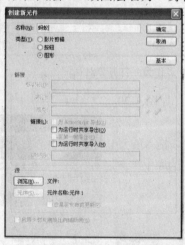

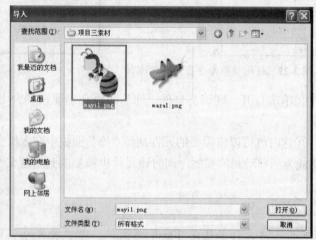

图 3-32　创建新元件"蚂蚁"　　　　　　　　图 3-33　导入素材文件

3）新建图层"眼睛"，用椭圆形工具分别画上蚂蚁的两只眼睛，如图 3-34 所示。

4）新建图层"嘴巴"，用线条工具分别画上蚂蚁的眉毛与嘴巴，如图 3-35 所示。

5）新建图层"前腿"，用线条工具画上蚂蚁的前腿与脚，并用颜料桶工具填上相应的颜色，如图 3-36 所示。

6）新建图层"后腿"，可复制"前腿"，但要放在"身体"图层的后面，完成图如图3-37所示。

图3-34 绘制眼睛

图3-35 绘制嘴巴

图3-36 绘制前腿

图3-37 绘制后腿

三、绘制分镜头

小言根据创意思路与设计好的角色造型，绘制分镜头。

分镜头台本见表3-1。

表3-1 分镜头表

镜号	画面	内容	动作、语言等
分镜一		一个嫩芽儿在阳光下摇摆	一个嫩芽儿在石头后面慢慢长大，摇摆
分镜二		毛毛虫爬呀爬，真累呀	一个圆嘟嘟的毛毛虫慢慢地一拱一拱地爬近小芽。边爬边说："真累呀！"

（续）

镜号	画面	内容	动作、语言等
分镜三		嫩芽儿说："别走、别走，我帮你摇一摇，你就会变得更轻松。"	小芽弯下腰让毛毛虫爬上来。小芽变成摇篮摇啊摇，毛毛虫笑了……
分镜四		小蚂蚱要练习跳高，可怎么也跳不高	草丛里一只翠绿的小蚂蚱一蹦一跳的，可连续几次总是跳那么点高
分镜五		嫩芽儿说："别急、别急，我帮你弹一弹，你就会变得更勇敢。"	小芽将一边的叶子合并起来变成了一个跳板，小蚂蚱跳到小芽叶子上，小芽把他弹得很高
分镜六		小蚂蚁被雨淋得发抖	下雨了，一个小蚂蚁在雨中抱着双臂苦着脸的可怜模样
分镜七		嫩芽儿说："别怕、别怕，我帮你挡一挡，你就会变得更温暖。"	小芽慢慢地变成一把雨伞的样子，小蚂蚁走到叶子底下，露出了笑脸
分镜八		嫩芽儿心里多高兴啊：太阳、风儿、雨露帮助了我，我也会让更多的小动物们生活得更快乐	所有角色出场，圆满幸福的结局

因为这次客户要求加上配音，使动画更完整、真实。所以接下来讲解如何添加声音。

四、添加声音

在视听语言中，除了"视"以外，还有一个非常重要的元素——"听"，即影片的声音。作为电影中的一个重要的分支艺术，动画片也是画面和声音结合的综合艺术，声音与画面、声音与声音之间的关系是动画艺术创作的重要组成部分。在动画艺术的发展过程中，如何增强影片的空间感以使观众获得身临其境的感受是动画创作者不断探索的目标之一，长期以来，人们一直将探索的重点放在动画的画面上，试图在有限的二维平面上通过诸如摄影角度、光影构成、画面造型等方法来增加景深，营造画面的立体感。然而，通过这些方法所获得的效果毕竟有限，而且这种立体感对于观众而言还是具有相对距离的。声音的出现使动画空间感的塑造有了一个飞跃。

首先，声音担当了部分叙事功能，比如通过对白展现人物之间的矛盾，推动情节发展；运用音乐抒发感情，使用声画对位法营造某种委婉含蓄的意境。

其次，声音成为非常重要的塑造人物形象的手段。在电影中，人物的声音特质、语言风格都是人物性格的最直接体现之一。

此外，由于声音的持续具有一定的节奏感和造型感，因此可以用它来把握电影的节奏，形成特殊的表现力。以电影声音构成中的音乐为例，在《白雪公主》、《风中奇缘》等歌舞动画片中，片中人物的运动节奏以及影片的整体节奏，往往与音乐的节奏表现结合在一起。

1．音乐在动画中的作用主要有以下几方面

（1）抒情

用音乐抒发人物难以用语言表达的情感，刻画人物的心理活动，抒情是动画音乐最主要的作用。

（2）渲染画面中所呈现的环境氛围

（3）表现时代感和地方特色

（4）评论

在影片中用音乐来表达创作者对人物和事件的主观态度，如歌颂、同情、哀悼等，这种音乐是影片的一种特殊旁白。

（5）刻画人物

（6）剧作功能

有的音乐直接参与到影片的情节中去，成了推动剧情发展的一个元素。迪斯尼传统动画影片几乎无一例外地应用了音乐的剧作功能，其特点是将音乐、歌曲、舞蹈结合起来形成一个乐曲化的叙事段落。

（7）声画组接连贯作用

声画组接，即用音乐衔接前后两场或更多场戏，组接同一时间不同事件的若干组画面的交替或同一事件的若干个不同侧面的各组镜头的交替、动画时间空间的跳跃交错等，音乐的这种连贯作用又被称为"音乐的蒙太奇"。在很多动画影片中，我们都会看到优美的歌曲出现在转场上：有的用来精简时间的推移或者岁月的变迁；有的用来精简空间的转移；有的用来简化某个事件的过程；有的用来表现某件事情或某个情绪的变迁。这些音乐的安插在动画中缓和节奏的同时，也有着叙事的功能。

2．人声在动画中的作用

（1）配合影像交待说明，推动叙事

在这一点上，不应仅理解为人物说"故事发生在 XXX 时期……"之类，它的实质是用

几句话交待需要大量影像画面才能表现的内容。

（2）表现角色的心境和情感

比如，吞吞吐吐的话语，往往用以表现角色矛盾、尴尬、紧张的心情；激昂的言语可以表现角色愤怒或狂妄、自大的心境。

（3）塑造角色的性格

比如，影片《哪吒传奇》中，小棕熊带点儿粗的憨憨的儿童的嗓音表现了这个童话形象的可爱性格，声音成了这个成功的角色的形象特征之一。

所以，这次《小芽故事续篇》中，小言首先选定背景音乐用班得瑞《春野》系列里的乐曲，体现一种大自然里清新、明朗的氛围。让观众很快进入童话意境中去。

然后决定小芽用略温柔的儿童的配音，表现这个童话形象温柔、乐于助人的性格。

涉及知识：声音在 Flash CS3 中的使用

主要学习以下几个内容：导入与添加声音、编辑声音。

知识链接

声音有许多种格式，在 Flash 中应用最多的是 Wav 格式和 MP3 格式，它们都是波形类声音。

Flash 支持导入的外部声音包括以下几种格式。

- WAV（仅限 Windows）。
- AIFF（仅限 Macintosh）。
- Mp3（Windows 或 Macintosh）。
- 如果系统上安装了 QuickTime4 或更高版本，则可导入这些附加的声音文件格式。
- AIFF（Windows 或 Macintosh）。
- SoundDesignerⅡ（仅限 Macintosh）。
- 只有声音的 QuickTime 影片（Windows 或 Macintosh）。
- SunAU（Windows 或 Macintosh）。
- System7 声音（仅限 Macintosh）。
- WAV（Windows 或 Macintosh）。

Flash 中有两种声音类型：事件声音和音频流。事件声音必须完全下载后才能开始播放，除非明确停止，否则将一直播放下去。音频流在下载了足够的数据后就开始播放，音频流要与时间轴同步以便在网站上播放。

3. 在 FLASH CS3 中导入声音

【操作过程】

1）选择菜单栏中的"文件"→"新建"命令，新建一个空白 Flash 文档，选择 Actionscript 2.0，如图 3-38 所示。

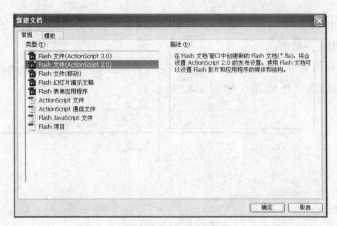

图 3-38　新建 Flash 文档

2）将图层 1 双击改名为"声音"，按"Enter"键确定，如图 3-39 所示。

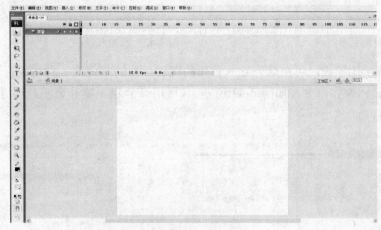

图 3-39　改图层名

3）打开菜单栏中的"文件"→"导入"命令，选择"导入到库"命令从素材中的声音文件夹中导入小芽背景音乐，如图 3-40 所示。

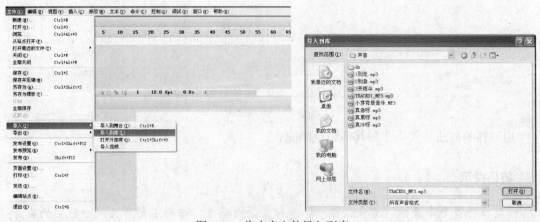

图 3-40　将声音文件导入到库

4）选择图 3-40 中的"打开"命令，打开库面板，可看到音乐文件已经放入到库中了，可自由调用了，如图 3-41 所示。

5）从库中找到该音乐文件，选中该音乐文件并按住鼠标左键拖曳至舞台。图层上显示出音乐波形，表示加入音乐成功，如图 3-42 所示。

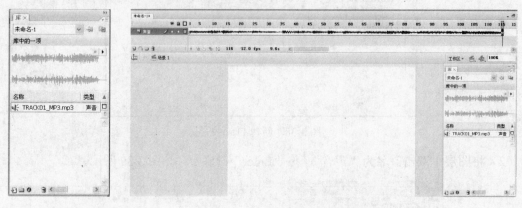

图 3-41　自动添加至库　　　　　　　　　　图 3-42　添加声音

6）如果音乐比较长，可在这一导入音乐的图层后面的空白键上点击鼠标右键，在快捷菜单中选择"插入帧"命令，如图 3-43 所示。（可用<F5>键不断补充帧数。）按下<Enter>键即可欣赏音乐。

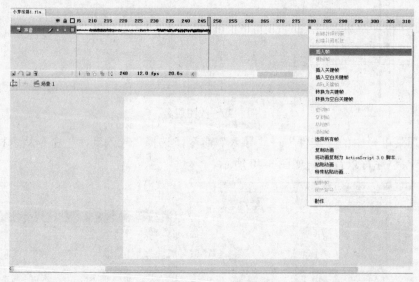

图 3-43　插入空帧

用同样的方法导入小芽与其他角色的配音。

技巧提示

　　建议将多个声音分别单独放在一个个独立的图层上，每个层都作为一个独立的声音通道。当回放 swf 文件时，声音就混合在一起了。声音导入后，要进行适当的编辑。

4. 编辑声音

编辑声音包括声音面板的基础知识与声音属性的设置。

声音面板包括更换声音、效果、重复（循环）次数和同步选项4部分，下面分别进行介绍。

（1）更换声音 导入多个声音文件时，可以选择所需要的音效。单击声音层的任意一帧，在帧"属性"面板的"声音"下拉列表框中会列出所有导入的声音文件，如图3-44所示。在此可以选择更换或添加声音。

图3-44 "属性"面板中的声音选项

（2）效果 Flash内置的声音效果，如图3-45所示。有如下几种设置：

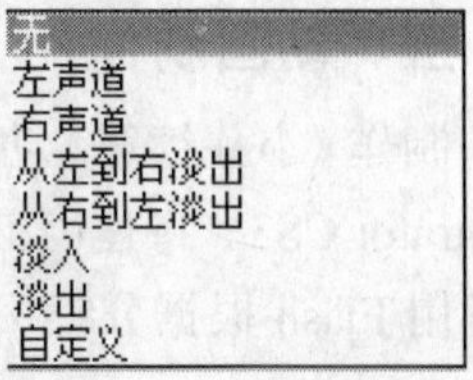

1）自定义：可以自定义声音效果。选择此项后，将弹出"编辑封套"对话框，如图3-46所示。

2）好多动画片中片头音乐都是由低到高缓缓响起，到片尾又是渐渐远去的感觉，让观众的心理有开始、结束的准备。我们可以用声音编辑的功能，制作淡入淡出效果。由图3-46可看到上下分为左右两个声道，上面为左声道，下面为右声道。

图3-45 声音效果设置选项

制作淡入淡出效果。先用鼠标拖动第一个小方块即控制点往下，即制作出淡入效果。（左右两个声道都要进行同样的操作，否则另一个声道的声音不会有变化。）在声音结尾处适当的地方加一个控制点，往下拖动，制作淡出效果。在如图3-47所示的"编辑封套"对话框里按"播放"按钮即可测试效果。

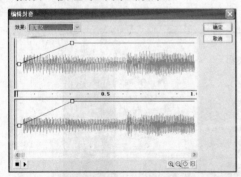

图3-46 "编辑封套"对话框，做淡入效果

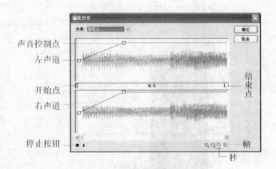

图3-47 "编辑封套"对话框

提示

在声音控制线上单击鼠标可增加控制点，自由控制声音的幅度，但最多允许创建8个控制点。将控制点拖出窗口即可删除。

（3）重复（循环）次数　指输入反复播放声音的次数。

（4）同步选项

1）事件。事件声音是不受 Flash 影片是否播放的影响，不与动画同步，必须要完全下载完才开始播放。在制作背景音乐时可使用事件声音。但如果在一个帧上加了一个事件声音，只要到这一帧时声音就会播放一次。除非遇到明确的指令，否则会一直播放到结束，到了下一轮又会重新播放。如果声音文件比动画长会造成声音的重叠。因此这种播放类型适用于体积小的声音文件。

2）开始。声音不与动画同步，但与事件声音不同的地方在于不会造成声音的重叠。

3）停止。使声音从影片中的某一帧开始停止播放。

4）数据流。特点是声音播放保持与帧同步。而且只要下载一部分就可以开始播放。适用于体积大、需要同步播放的声音文件。例如：MV 中的 MP3 文件，可使歌词与声音同步。角色说话的声音也可用数据流使声音与口型保持一致。

五、动画制作

制作《小芽续篇》动画短片主要使用两个软件，即 Adobe Flash CS3 Professional 和 Adobe Illustrator CS3。将使用 Illustrator 做蚂蚱跳跃的分解动作。因本书主要讲解 Flash，所以着重讲解用 Flash 根据分镜头进行动画制作。

【操作过程】

1. 导入音乐、背景，添加小芽、太阳、白云形象（分镜头 1）

1）新建一个 Flash 文档，命名为"小芽续篇"。

2）用上面所学方法从项目 3 素材中的声音文件夹中导入"小芽背景音乐.mp3"，并简单编辑，制作出淡入淡出效果。设置同步选项中的"开始"。在第 60 帧插入关键帧，导入讲故事声音"续篇 1n.mp3"。设置同步选项中的"数据流"声音，如图 3-48 所示。

图 3-48　导入声音

3）从"项目2素材"中导入背景图片。双击图层重命名为"背景"。

4）添加形象小芽。为了过会儿动画的需要，将"叶茎"与"叶片"分两个图层。用项目2所学方法分别将叶茎、叶片做小芽一点点长大与摇摆的逐帧动画，如图3-49所示。

图3-49　做小芽动画

5）添加云和太阳。可将项目2中制作过的太阳与白云复制帧过来使用。

6）为了动画的方便，我们把太阳转换为图形元件，双击库中的"太阳图形元件"进入编辑界面，将运动的眼睛分1个图层，将眉毛、嘴巴分1个图层，逐帧调整形状做表情动画，如图3-50所示。

图3-50　在"太阳图形元件"的编辑界面中做表情动画

2. 添加毛毛虫图形元件，制作毛毛虫爬行动画（分镜头2）

1）先将前面制作的毛毛虫图形元件的文件打开（项目3素材中"毛毛虫.fla"文件），双击进入毛毛虫图形元件的编辑界面。毛毛虫是由头、围脖、身体1、2、3 这 5 部分组成，如图 3-51 所示。

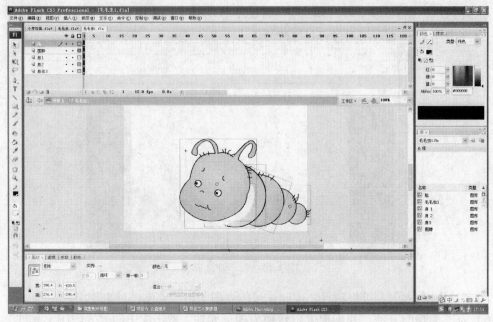

图 3-51　毛毛虫图形元件的编辑界面

动作分析：

虫子的爬行动作是依靠身体上下移动起伏呈现出蠕动的感觉的，可以简单的理解为：将毛毛虫的头作为重心，其他部位都跟着头部做相应运动，如图 3-52 所示。

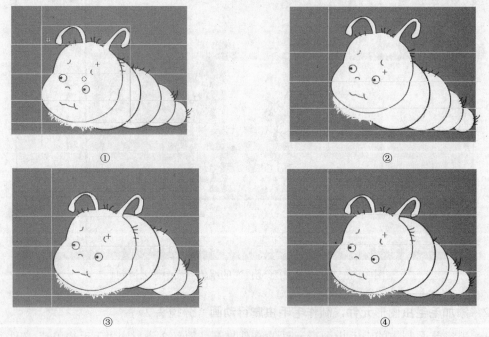

图 3-52　毛毛虫爬行动作解析图

2）分别在各个图层的第 6、12、18、24 帧插入关键帧。首先在第 6 帧上修改毛毛虫身体动作，先头抬起，身体 1 跟着抬起。如图 3-52②所示。在第 11 帧，将头向下移动一些，身体逐节抬高，如图 3-52③所示。依次类推。在第 18 帧做相应调整。如图 3-52④所示。第 24 帧与第 1 帧一样，因此，不需要再修改。

3）动作调整完毕，接着在所有图层的每两个关键帧之间右击，创建补间动画，完成毛毛虫爬行的动画制作。如图 3-53 所示。

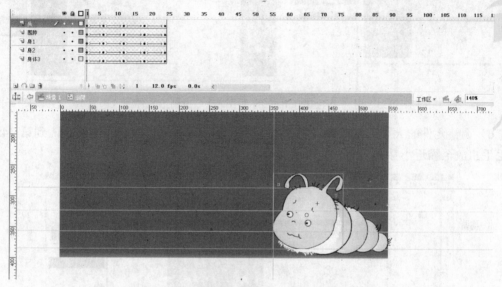

图 3-53　毛毛虫爬行动画制作，创建补间动画

4）回到"小芽续篇"文档，点击库面板的"文档下拉列表"，选中"毛毛虫爬.fla"，如图 3-54 所示。

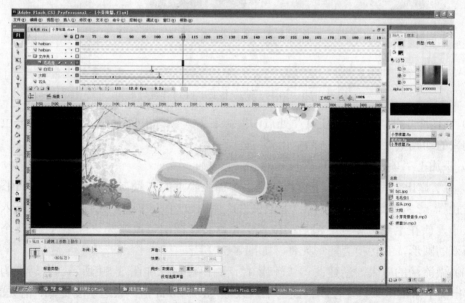

图 3-54　在"小芽续篇"文档中，点击库面板的"文档下拉列表"

5）进入"毛毛虫爬.fla"的库中。选中"虫爬"图形元件拖入舞台，拖入的元件即成为当前动画的实例，同时该元件也被复制到当前文件的库中，如图 3-55 所示。

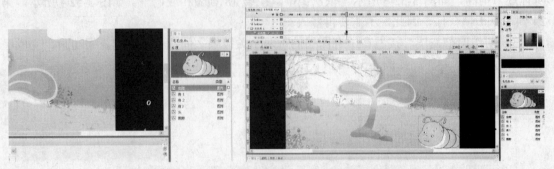

图 3-55　将"毛毛虫爬.fla"的库中的毛毛虫图形元件拖入舞台

6）调整元件的大小，在第 173 帧将毛毛虫放到舞台外面，只露个小脸儿，到第 245 帧把毛毛虫放至靠近小芽的下面，如图 3-56 所示。

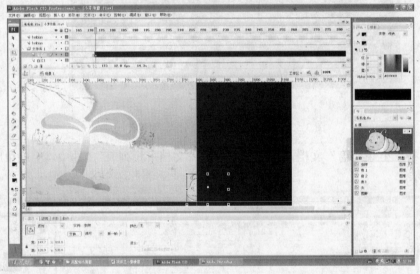

图 3-56　第 173 帧将毛毛虫放到舞台外面

7）在两个关键帧的中间任意一处点击鼠标右键，创建补间动画。制作出毛毛虫由远处慢慢爬来的动画效果，如图 3-57 所示。

8）添加上"项目 3\声音\真累呀.mp3"声音文件。

9）为了显出毛毛虫的累，小言给毛毛虫添加上脸上的红晕与汗滴。可新建一个图层"毛毛虫静止"，导入外部库中的文件"毛毛虫.fla"库中的毛毛虫图形元件，并将其拖入舞台，调整大小，放在毛毛虫爬到的最后的位置上。再新建图层，改名为"红晕"，画两个红色放射状渐变的圆形，并转换为图形元件，如图 3-58 所示。

10）做流汗的效果。新建图层"汗滴 1"，画出汗滴，如图 3-59 所示。并转换为图形元件，做出滴下来的效果。要在属性面板里修改颜色的 Alpha 值，做透明度变低、消失的感觉，如图 3-60 所示。

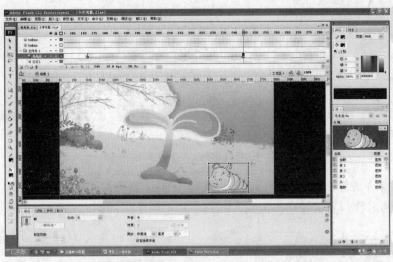

图 3-57 毛毛虫由远处慢慢爬近的动画

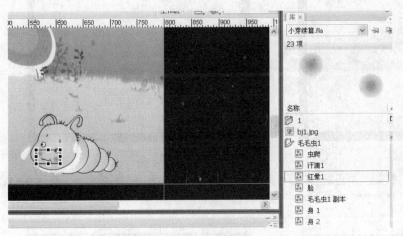

图 3-58 红晕

图 3-59 汗滴

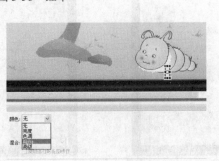

图 3-60 汗滴透明度修改

3．小芽变成摇篮（分镜头 3）

1）做叶子向下垂的逐帧动画，如图 3-61 所示。

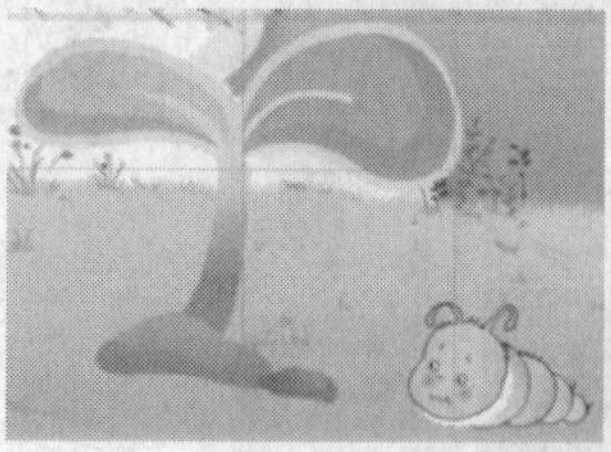

在 267 帧时小芽的动作

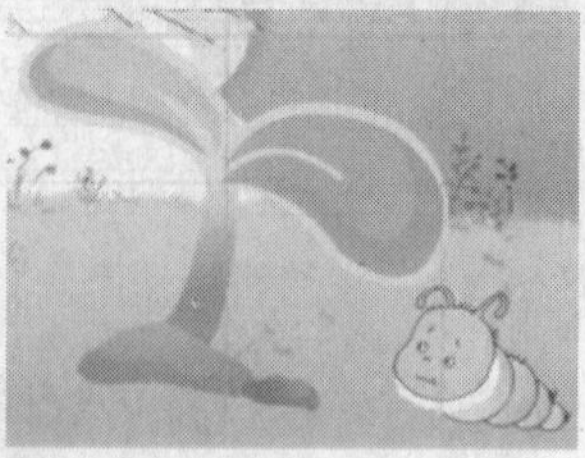

在 272 帧时小芽的动作

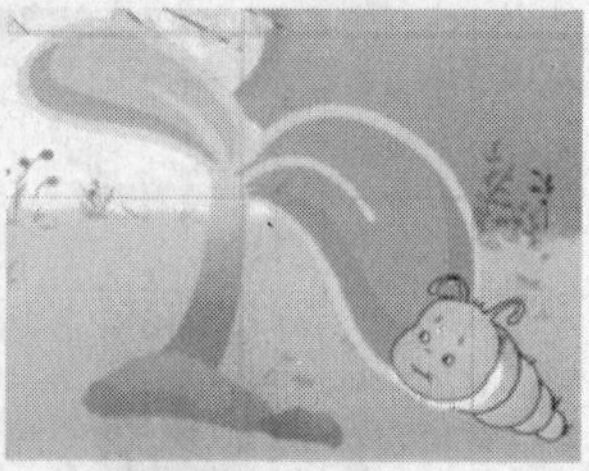

在 289 帧时小芽的动作

图 3-61　叶子向下垂的逐帧动画

2）做小芽变成摇篮的逐帧动画。先用选择工具调整，然后用钢笔工具或直线工具画出摇篮的形状。为了使动作流畅，在其中加了两个中间帧，如图 3-62 所示。

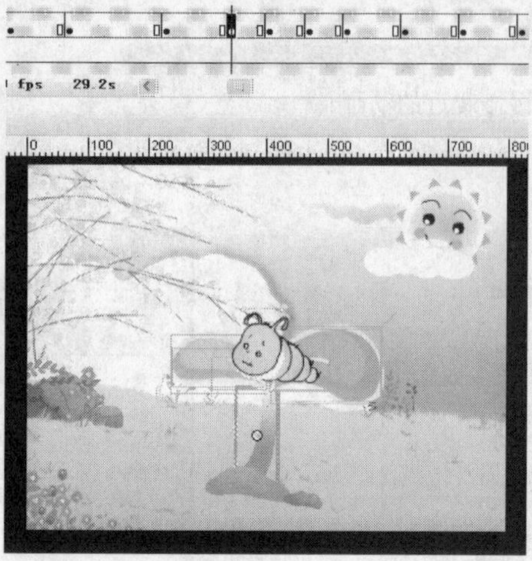

①

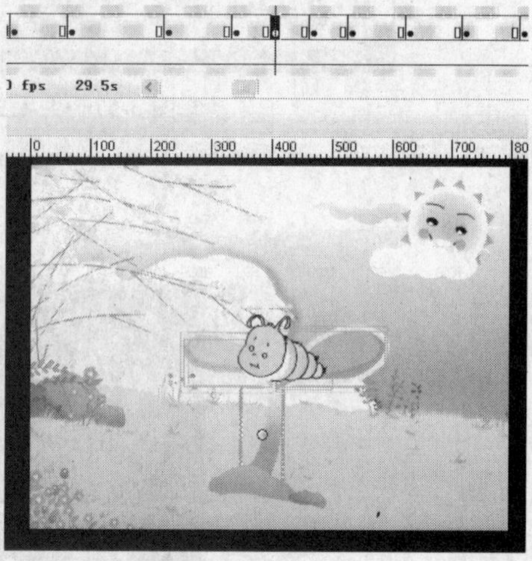

②

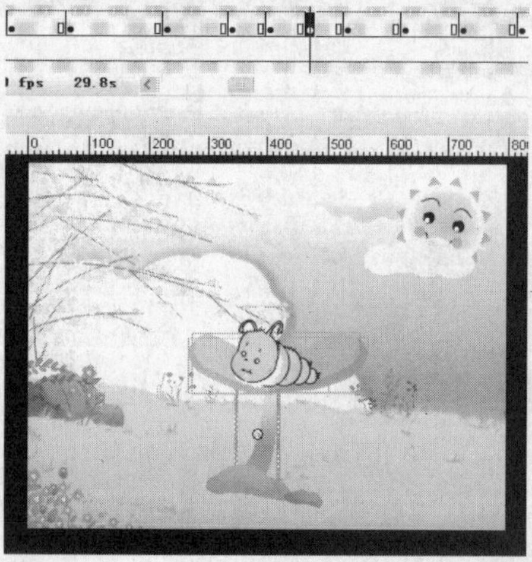

③

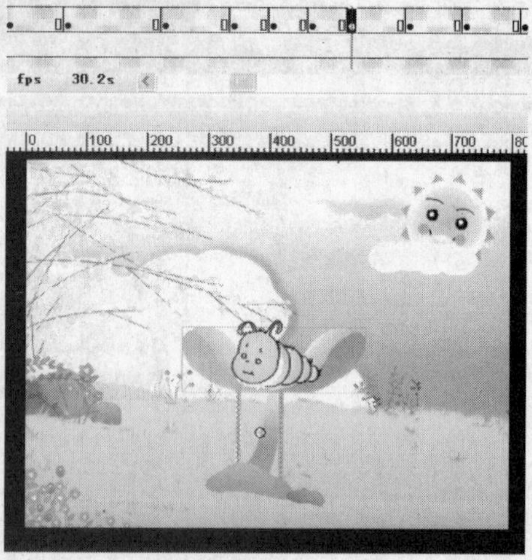

④

图 3-62　小芽变成摇篮的逐帧动画

3）为了使毛毛虫能够随着摇篮的摇摆而自然的摆动。我们选择了静止的毛毛虫图形元件。新建图层“毛毛虫静止”，到库里将“毛毛虫 1 副本”拖入舞台，如图 3-63 所示。

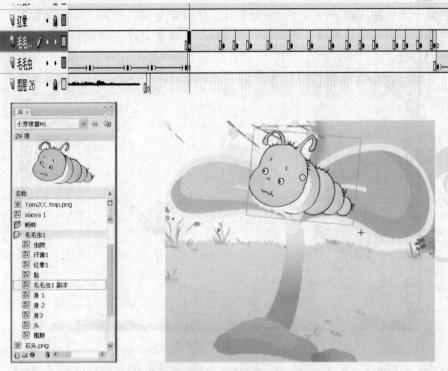

图 3-63 将"毛毛虫 1 副本"拖入舞台

4）用工具 做小芽左右摇摆动作（旋转，改变小芽的倾斜度），如图 3-64 所示（注：中心点放在下方）。毛毛虫也要随着小芽的摆动而改变它的倾斜度。

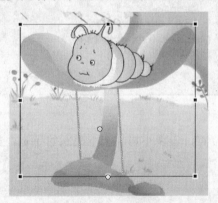

图 3-64 小芽摇摆动作

5）小芽慢慢还原，毛毛虫慢慢下去离开。还原的动作和前面的变化动作正好相反，可以反顺序复制前面的关键帧。（还可在复制好帧后，选择"翻转帧"）

4. 添加小蚂蚱图形元件，制作蚂蚱跳跃的动画（分镜头 4）

1）打开"E:\项目 3\项目 3 素材\小蚂蚱.ai"，在 Adobe Illustrator CS3 中根据蚂蚱跳跃的分解动作进行调整。从图中可以看出主要是腿部的变化，第 2 步弹跳起来身体呈向上的趋势，第 3 步与第一步一样。用选择工具将各部位旋转角度就可以了。然后分别复制到 Flash 舞台上相应的帧上，如图 3-65 所示。（这里是简化了的弹跳运动，实际上要复杂得多。若要制作很精细的动作，则还需要多做几个原画，在 Flash 中多做几个关键帧。需要我们在日常生活中多观察、记录。）

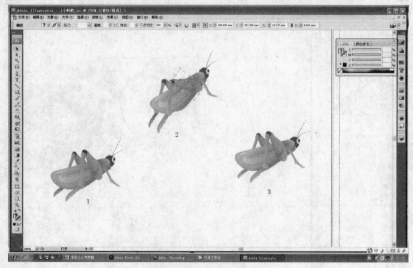

图 3-65　蚂蚱跳跃分解动作

2）回到"小芽续篇"文档中，新建图层，按照先后顺序分别粘贴在不同的帧上，粘贴后出现以下对话框，按"确定"按钮，粘贴到舞台，如图 3-66 所示。

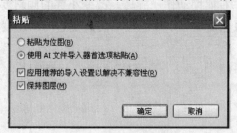

图 3-66　"粘贴"对话框

3）逐帧改变小蚂蚱的位置，表现小蚂蚱上下跳跃的感觉，如图 3-67 所示。

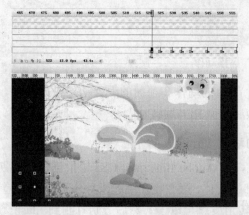 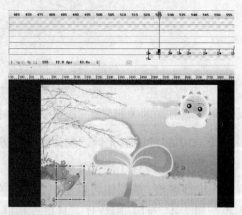

图 3-67　逐帧改变小蚂蚱的位置

图 3-67　逐帧改变小蚂蚱的位置（续）

5．小芽变成跳板（分镜头 5）

1）小芽也做逐帧动画，变成跳板，如图 3-68 所示。

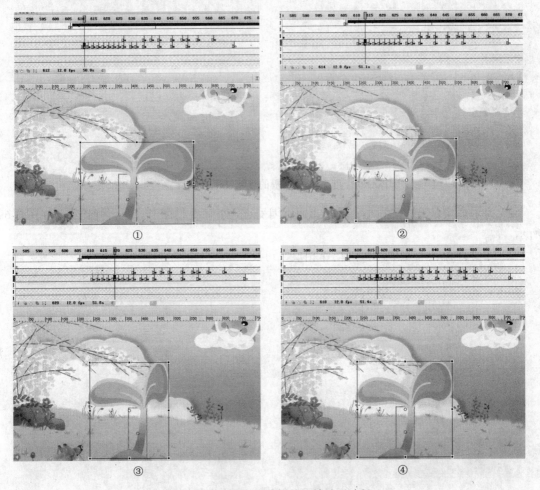

图 3-68　小芽变成跳板的逐帧动画过程

图 3-68　小芽变成跳板的逐帧动画过程（续）

2）为了真实，蚂蚱跳到小芽叶子上时，因受重，小芽要稍微弯一下再弹出去，如图 3-69 所示。

3）小芽还原，与变成跳板的动作相反，可反顺序复制前面的帧。

图 3-69　小芽受重先稍微弯一下再弹出去的动画

6. 蚂蚁走动动画（分镜头6）

1）首先把（背景、石头都转换成图形元件，如图3-70所示。

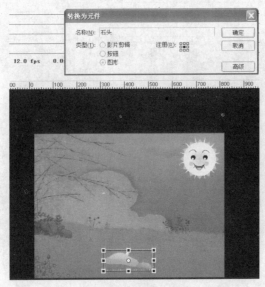

图3-70　把石头转换成图形元件

2）为了营造要下雨的感觉，将转换成图形元件的背景在"属性面板"下将改变其亮度的属性设置为-38%，并生成补间动画，使其自然过渡，如图3-71所示。

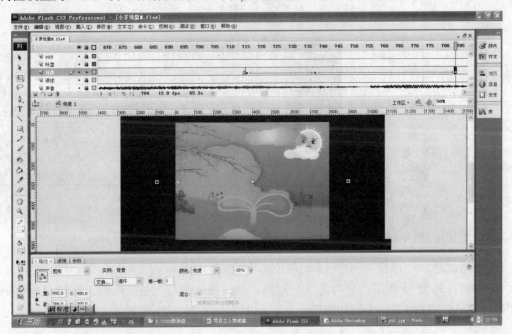

图3-71　改变背景的亮度

3）做乌云飘移的动画。乌云密布，下起雨来。画出乌云并转换成图形元件。改变位置做补间动画。在第772帧将乌云放在舞台外面，在第788帧将乌云移动到太阳的位置，如图

3-72 所示。

图 3-72 做乌云飘移动画

4）太阳做害怕的表情，并离开舞台。重新创建一个"太阳 1"图形元件，改变五官做害怕的表情，如图 3-73、图 3-74 所示。

图 3-73 太阳图形元件编辑状态　　　图 3-74　做太阳移动的补间动画

5）下雨动画。在项目 2 中我们介绍了做下雨的逐帧动画。现在我们先创建一个影片剪辑元件"雨"，建 2 个图层，分为远景与近景。然后将远景与近景的雨的逐帧动画分别转换为"雨 02"与"雨 01"两个影片剪辑元件，如图 3-75～图 3-77 所示。

注意

> 远景的雨一定要降低线条的透明度为 50%。如果用压感笔画雨的线条会更好看。

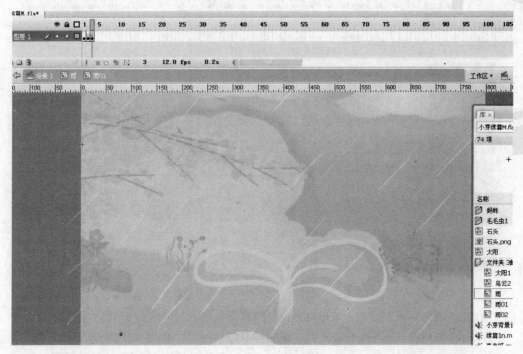

图 3-75　近景的雨

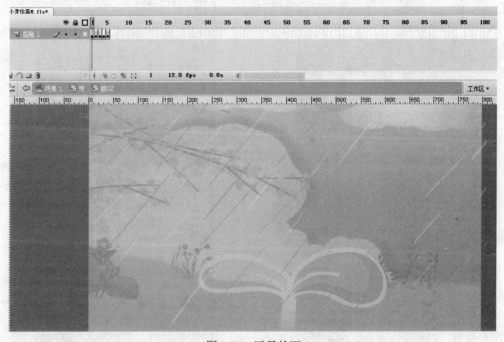

图 3-76　远景的雨

6）回到"小芽续篇"场景中，新建一个图层把影片剪辑元件"雨"拖曳至舞台，就会循环播放下雨的动画效果。

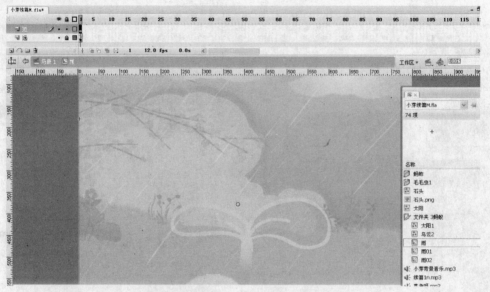

图 3-77　做两个层次的雨会丰富效果

7）蚂蚁出场。将素材文件"mayi1.png"蚂蚁导入舞台。

要做动画的五官与走动的下肢，并在 Flash 中分别画出，如图 3-78 所示。

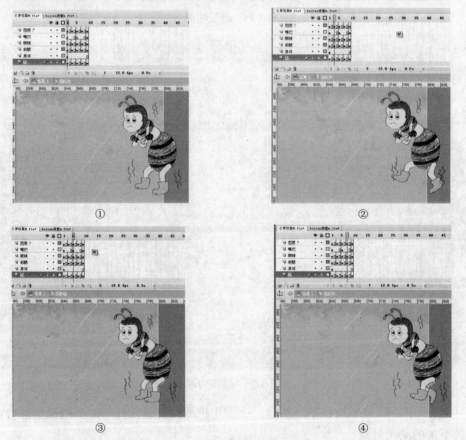

①　　　　　　　　　　②

③　　　　　　　　　　④

图 3-78　蚂蚁走路分解动作

7. 小芽变成雨伞（分镜头7）

1）做逐帧动画将小芽变成雨伞，如图 3-79 所示。

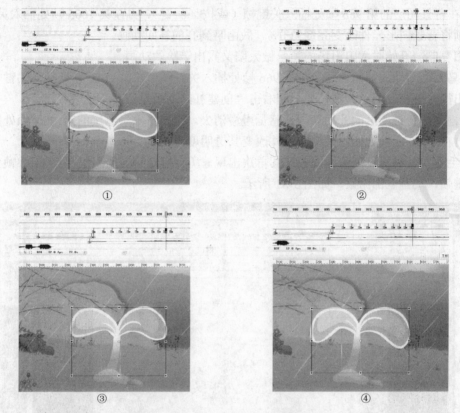

图 3-79　小芽变成雨伞的逐帧动画

2）小芽变成雨伞后，蚂蚁走进来。将原来的"蚂蚁动"图层在 990 帧转换为空白关键帧。同时新建一个图层"蚂蚁笑"，在第 990 帧导入光盘中项目 3 素材\蚂蚁笑.fla 库中的"蚂蚁笑"图形元件，如图 3-80 所示。

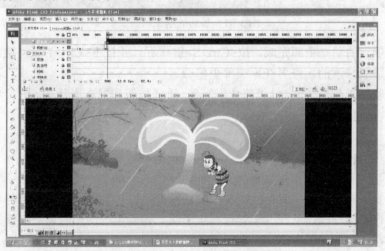

图 3-80　拖入"蚂蚁笑"图形元件

8. 结尾（分镜头 8）

天转晴了，乌云走了，太阳出来了，大家一起沐浴在爱的阳光下，全体演员出场。

1）在背景图层的第 986 帧处插入关键帧（或按<F6>键），再在第 1005 帧处插入关键帧，并在此帧将背景图形元件改变亮度为 0%。做由暗到亮的补间动画。

太阳复制一开始时太阳出场的帧，做太阳又露出笑脸的动画。

2）乌云做移动的补间动画，在第 966 帧处插入关键帧，在第 1010 帧处插入关键帧，并往左移出舞台外，在两个关键帧处之间右击"创建补间动画"。

3）雨做改变透明度的补间动画，感觉慢慢消失。在"下雨"图层的第 966 帧处插入关键帧，再在第 1003 帧处插入关键帧，并改变其透明度为 19%。

4）毛毛虫与蚂蚱复制前面的帧使其再次出现。所有有延长帧的图层在第 1192 帧处插入空白关键帧，动画全部结束，如图 3-81 所示。

图 3-81　最后的结束画面

至此，本项目的动画全部完成，按<Ctrl+S>键保存，并按下<Ctrl+Enter>键测试动画。如果有细节部分需要修改的，可再在原文件里修改。

还有一些收尾工作，比如加上"停止"命令、重播按钮和发布影片等，可参考"项目 6 公益短片制作"，这里就不再赘述。

 项目总结

本项目主要介绍了声音在 Flash CS3 中的使用，元件、实例和库的理解与运用，学会使用图形元件制作补间动画；掌握虫子爬行、虫子跳、蚂蚁走等动作的运动规律。所有知识点的讲解都穿插在任务的剖析中。

本项目中除了介绍如何在 Flash CS3 中添加声音和编辑声音，还涉及到声音在动画片中的作用，以及如何恰当地运用声音营造意境，为动画片增色。

大家应养成在库中建立文件夹管理元件的好习惯。当库中有很多元件时，使用分类管理可以方便地对元件进行快速查找和编辑。

同学们还需在上一个《小芽的故事》动画片的基础上进一步掌握如何分析剧本，进行分镜头绘制、角色设定，完全掌握动画设计与制作的整个流程。

项目实践

1. 做倒计时的逐帧动画。
2. 仿造毛毛虫流汗的效果做水珠从叶子上滑落的动画效果。

项目 4　Flash 预载画面制作

我们在网上观看 Flash 时，可能由于文件太大，或是网速限制，有的 Flash 作品常常是下载一段播放一段，大大破坏了 Flash 作品的观赏性；有的 Flash 电影在装载过程中，没有任何提示，使得观看者长时间面对一片空白的屏幕，为了避免出现这些现象，Flash 制作人员往往设计一个预载画面，就是我们常说的 Loading，等影片的全部字节下载到本地后再播放，从而保证影片的播放质量。

本项目将介绍一种较为标准的 Loading 制作方法。我们需要做一个简短的 Loading 来告诉观看者下载的进度，让观看者知道所要等待的时间，充分体现了对观看者的一种尊重。

项目介绍

由于预载画面是首先播放的画面，而 Flash 动画的播放先后顺序是按照场景顺序播放的，因此我们就可以知道预载画面必须是在第一个场景中。预载画面的制作方法可归纳为两种：①只使用一个场景，ActionScript 放在场景的开头部分；②把预载画面作为一个独立的场景。我们今天主要是了解第一种制作方法。

项目目标

掌握 Loading 制作方法。

项目规划

一、项目分析

计算出影片的总字节数和正在下载的字节数，将正在下载的字节数除以影片的总字节数并乘以 100% 获得百分比例，再用得到的百分数来带动 Loading 条的滚动。

二、项目构思

我们采用两个函数 _root.getBytesLoaded() 和 _root.getBytesTotal()，分别展示获取已加载的字节数和总共的字节数。我们把这两个函数赋值给变量：

myBytesTotal = _root.getBytesTotal() 与 myBytesLoaded = _root.getBytesLoaded()，然后判断当 myBytesTotal < myBytesLoaded 时就回到前面，重新获取已加载的字节数，再进行比较，直到 myBytesTotal >= myBytesLoaded 时就可以跳转到播放了。

了解了原理之后，现在，对于初学者来说，不知道在什么地方写代码，这是很普遍的一个问题。刚入门的读者对于代码还没有完全理解，也会存在这样的问题。那么对于 Loading 该在何处写代码呢？Loading 的代码要写在一个影片剪辑上。如果就用一个文本来显示下载进度可能太单调。而做个像媒体播放器的进度条来显示下载进度会更让人一目了然。

 项目实施

1. 具体的实施过程

1）打开 Flash MX CS3，新建文档，大小为 800×600 像素，如图 4-1 所示。

图 4-1　新建 Flash 文档

选择矩形工具并在主场景中画出一个只有边框的矩形，本例该矩形大小为 350×16 像素，如图 4-2 所示。

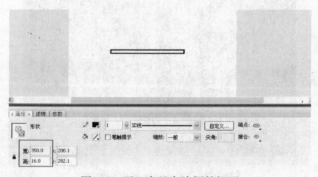

图 4-2　画一个只有边框的矩形

2）在主场景中用矩形工具画出一个只有填充而无边框的矩形，并按<F8>键将其转换为影片剪辑（注：其注册点一定要选在该矩形的最左侧），其实例名为 bar 。本例该矩形大小为 345×11 像素，如图 4-3 所示。

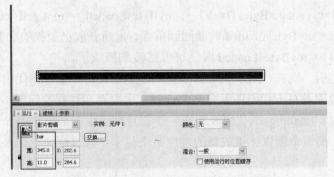

图 4-3　画一个只有填充而无边框的矩形

3）将上述两矩形在主场景中排列好，使边框矩形嵌套填充矩形。

4）单击文本工具，在属性面板中选择"动态文本"选项，如图 4-4 所示。在上述两矩形旁边用文字工具拖出一动态文本框。定义变量名为 bar_per，如图 4-5 所示。

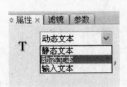

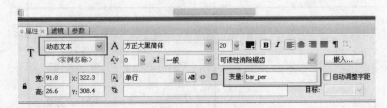

图 4-4　选择动态文本　　　　　　　　　　　　　图 4-5　定义变量名

5）置入加载画面的背景，如图 4-6 所示。

图 4-6　置入加载画面的背景

至此，准备工作就绪，即建立了两个矩形框和一个动态文本框。下面开始准备编写代码。

1）在主场景中，新建一层，选中该层第 1 帧，按<F9>键打开动作脚本编辑窗口（见图 4-7），输入以下代码：

图 4-7　动作脚本编辑窗口

```
this.onLoad=function(){
myBytesTotal=_root.getBytesTotal();
}
this.onLoad();
this.onEnterFrame=function(){
myBytesLoaded=_root.getBytesLoaded();
bar_xscale=myBytesLoaded/myBytesTotal*100;
percent=Math.round(bar_xscale);
this.bar._xscale=bar_xscale;
this.bar_per=percent+"%";
if(myBytesLoaded==myBytesTotal){
delete this.onEnterFrame;
_root.nextFrame();
}else{
this.stop();
}
}
```

2）从主场景时间轴第 2 帧起制作你的 Flash 影片。

2.代码释义

1）this.onLoad=function(){
myBytesTotal=_root.getBytesTotal();
}

getBytesLoaded()为获取电影剪辑实体的已下载字节数，如果是外部动画将返回动画的总字节数。GetBytesLoaded 用于更加精确的 Loading 设计，因为它并不像_framesloaded 属性是获取影片的总帧数，而是以字节作为单位获取。如果说动画的最后一帧将是一个大型的图像或是声音角色的话，那么_framesloaded 所获得的百分比将不准确，getBytesLoaded 有效地弥补了此方面的不足。

此段代码是指，当影片剪辑（本例指两矩形和一动态文本框所存在的主场景）加载时，读取主时间轴存在的所有元素的总字节数并赋值给变量 myBytesTotal。

2）this.onLoad();

Flash 事件处理函数 MovieClip.onLoad=function(){…}其中设置的代码，若不在后面加上 this.onLoad();，则这些代码并不能执行。

3）this.onEnterFrame=function()表示每播放一帧就执行一次……。比如 Flash 的帧频设为每秒 30 帧，执行 onEnterFrame 后每三十分之一秒就执行一次后面的 Function ()……，直到 delete 为止。这里用来表示循环读取加载的字节数，直到加载结束。

myBytesLoaded=_root.getBytesLoaded();//读取主时间轴存在的所有元素已加载的字节数，并将其赋值给变量 myBytesLoaded。

4）bar_xscale=myBytesLoaded/myBytesTotal*100;//将 myBytesTotal 换算成百分比时，myBytesLoaded 所得到的折算值赋给变量 bar_xscale，以便给主场景中 bar 的_xscale 赋值（_xscale 的最大值只能为 100），这里用来表示进度条 bar 在 X 轴上宽度。

getBytesTotal()函数是用来获取动画或是电影剪辑的总字节数，当然我们可以通过对文件的大小来观察动画的总字节数，但对于网络上使用浏览器的观众来说，动态显示文件大小是很有必要的。还有，如果想观察动画中电影剪辑的体积就只有靠 getBytesTotal() 函数了。

5）percent=Math.round(bar_xscale);//将变量 bar_xscale 的值取整后赋给变量 percent，以便显示的百分比不带小数。

知识链接

1. "下载速度"的代码设计

1）在主场景中用文字工具拖出有适当宽度的动态文本框，并设置其变量名为 rate。

2）在主场景代码层第 1 帧 this.onEnterFrame=function(){}代码体 if 语句前追加如下代码：

t=getTimer();

rate= "下载速度：" + Math.round(myBytesLoaded/t * 100)/100 + " K/s";

gettimer()函数用来获取电影剪辑或是动画已经播放的时间数，此函数获取的时间是以毫秒作为计算单位的，一般在程序制作过程中还会对它除以一千来取得秒，这样更加符合对于时间播放程序的显示。假设动画中有一个 text 的动态文本框变量。例：

text=gettimer()/1000; 通过帧循环或是其他的如 OnClipEvent(enterframe)等行为的控制会动态地显示动画播放的时间过程。又例如：

```
text=gettimer()/1000;
if(text>=10) {
    gotoandstop(3);
}else{
    gotoandplay(1);
}
```

假设此程序位于动画的主场景的第 2 帧，那么当开始播放 10s 之后才会正式开始播放，不然只会在第 1 帧与第 2 帧之间循环。

2. "已用时间和剩余时间"的代码设计

1）在主场景中用文字工具拖出有适当宽度的动态文本框，并设置其变量名为 mytimes。

2）在主场景代码层第 1 帧 this.onEnterFrame=function(){}代码体 if 语句前追加如下代码：

```
timeLoaded=Math.round(t/1000);
timeRemain=Math.round (timeLoaded*(myBytesTotal-myBytesLoaded)/myBytesLoaded);
timeRemain=Math.round (timeRemain/60)+":"+Math.round(timeRemain%60);
timeLoaded=Math.round (timeLoaded/60)+":"+Math.round(timeLoaded%60);
mytimes="已用时间"+timeLoaded+" "+"剩余时间"+timeRemain;
```

注：若 "下载速度 "" 的代码没有设计，则上述代码前应追加代码 t=getTimer();

拓展后主场景代码层第 1 帧的全部代码如下：

```
this.onLoad=function(){
myBytesTotal=_root.getBytesTotal();
}
this.onLoad();
this.onEnterFrame=function(){
myBytesLoaded=_root.getBytesLoaded();
bar_xscale=myBytesLoaded/myBytesTotal*100;
percent=Math.round(bar_xscale);
this.bar._xscale=bar_xscale;
this.bar_per=percent+"%";
t=getTimer();
rate= "下载速度： " + Math.round(myBytesLoaded/t * 100)/100 + " K/s";
timeLoaded=Math.round(t/1000);
timeRemain=Math.round(timeLoaded*(myBytesTotal-myBytesLoaded)/myBytesLoaded);
timeRemain=Math.round(timeRemain/60)+":"+Math.round(timeRemain%60);
timeLoaded=Math.round(timeLoaded/60)+":"+Math.round(timeLoaded%60);
mytimes="已用时间"+timeLoaded+" "+"剩余时间"+timeRemain;
if(myBytesLoaded==myBytesTotal){
delete this.onEnterFrame;
```

```
_root.nextFrame();
}else{
this.stop();
}
}
```

最后，将生成的动画上传至网络上，即可欣赏我们制作的 Loading。

项目总结

通过本项目的练习，使读者初步认识到 Flash CS3 代码的书写格式、掌握了部分 Action 代码，并能利用这些代码制作美观大方的 Loading 界面。

项目实践

制作如图 4-8 所示的 Loading 界面。

图 4-8　Loading 界面

项目 5 Flash 广告动画制作

项目介绍

商业广告是指商品经营者或服务提供者承担费用并通过一定的媒介和形式直接或间接地介绍所推销的商品或提供的服务的广告。商业广告的目的只是替产品或劳务对大量潜在顾客或顾客在同一时间送达"销售讯息"。商业广告针对目标市场的受众，而公益广告针对社会公众特点介入人们思想深处，可获得产品使用者，购买决策者及潜在消费者的前途关注。商业广告还是人们为了利益制作的广告，是为了宣传某种产品而让人们去喜爱购买它。

本项目将通过小言为客户制作的 4 种不同类型的商业广告，分成 4 个任务，使我们了解到不同风格与用途的商业广告的制作方法。

项目目标

1. 掌握使用逐帧动画表现数码相机的快门效果。
2. 掌握文本工具的使用。
3. 掌握遮罩层动画。
4. 学习使用 getURL 语句。
5. 掌握使声音与动画节奏一致的方法。

项目实施

任务 1 数码相机广告

一、任务分析

数码相机广告属于商业广告，随着人们生活水平的提高，节假日时间也随之增多，所以人们出去旅游的机会也变多了。出去旅游必然要留下美好的景色，这时，相机便是人们利用的好工具了。数码相机的功能足可以满足人们的需求。本任务就为数码相机制作了一个商业广告，让人们更加了解它所具有的功能。

本任务中的商业广告很简单，用 Flash 动画的逐帧形式给大家展现出数码相机的外貌、性能等特点。根据这样的思路，并通过上网查找等途径选择具有代表性的素材。

在制作动画之前，首先构思好动画的脚本，然后根据脚本安排动画的制作过程。（具体脚本的设计与分镜头绘制参照项目 2，本项目中的 4 个任务主要讲解广告动画的制作）。

二、设计与制作步骤

1）搜集素材（背景音乐、图片、文字资料等）。

2）策划、设计广告动画脚本。

3）动画制作。

4）动画测试。

后面的 3 个任务基本按照这样的步骤进行。

三、任务目标

1）掌握使用逐帧动画表现数码相机的快门效果。

2）能够改变元件的不透明度。

3）掌握文本工具的使用。

四、任务实施

【操作过程】

1）新建大小为 140×60 像素的舞台，使用"矩形工具"绘制一个和舞台大小相同的矩形，使用黑色的 1 像素边框，将矩形所在的图层命名为"边框"，在第 104 帧处按下<F5>键延续关键帧，如图 5-1 所示。

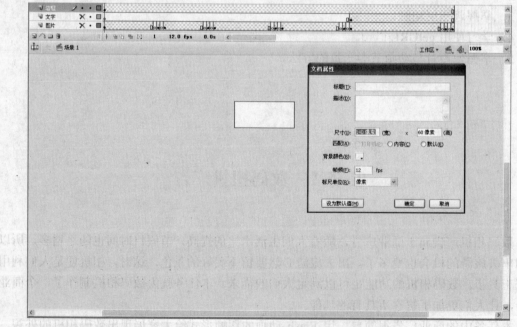

图 5-1　新建矩形

2）新建图层，命名为"图片"，并将其移动到"边框"图层下方，按<Ctrl+R>快键导入附书光盘中"项目 5\任务 1 数码相机广告\素材\数码相机广告.jpg"，如图 5-2 所示。

3）选中导入的图片，按下<F8>键，将图片转换为图形元件，将第 1 帧的图片移动到如图 5-3 所示的位置。

图 5-2 导入图片

图 5-3 图片移动的位置

4）在第 15 帧处按下<F5>键，延续关键帧，为了制作镜头闪动的效果，在第 16 帧、第 17 帧、第 18 帧、第 19 帧处连续按下<F6>键，复制关键帧，然后删除第 16 帧、第 18 帧中的相机，如图 5-4 所示。

5）按同样的方法，在第 31 帧、第 32 帧、第 33 帧、第 34 帧处连续按下<F6>键，复制关键帧，然后删除第 31 帧、第 33 帧中的相机，在第 34 帧处移动图片到如图 5-5 所示的位置，制作切换镜头的效果。

图 5-4 第一个镜头

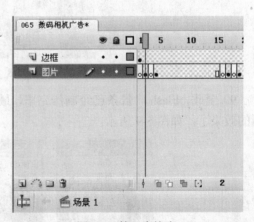

图 5-5 第二个镜头

6）位置变换后，在第 51 帧、第 52 帧、第 53 帧、第 54 帧处连续按下<F6>键，复制关键帧，然后删除第 51 帧、第 53 帧中的相机，在第 55 帧改变图片的位置，如图 5-6 所示。

7）位置变换后，在第 71 帧、第 72 帧、第 73 帧、第 74 帧处连续按下<F6>键，复制关键帧，然后删除第 71 帧、第 73 帧中的相机，在第 74 帧改变图片的不透明度为 40%，如图 5-7 所示。

8）在第 101 帧、第 102 帧、第 103 帧、第 104 帧处连续按下<F6>键，复制关键帧，然后删除第 101 帧、第 103 帧中的相机，在第 104 帧取消图片的不透明度设置。选择"图片"图层，然后新建图层，命名为"文字"，在"文字"图层的第 74 帧处按下<F7>键，插入空白关键帧，然后使用"文本工具"输入"数码相机"文字，如图 5-8 所示。

图 5-6　第三个镜头

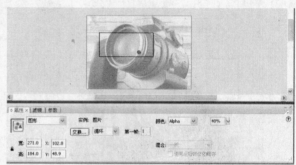

图 5-7　改变图片的不透明度

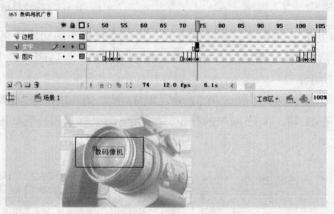

图 5-8　输入文字

9）至此，Flash 广告条已经制作完毕，最后按下<Ctrl+Enter>键测试动画，就可以看到动画的效果了，如图 5-9 所示。

图 5-9　完成效果图

任务2 促销活动广告

一、任务分析

促销活动广告主要体现了商家为了吸引顾客对其产品产生兴趣的一种宣传方式。它会让你了解买其产品会给你带来某些优惠的活动,让你感觉到买其产品是非常划算的。促销活动广告就是给人们一种机会多、优惠多,很想抓住这种机会的感觉。吸引更多的消费群体来了解其产品。

本任务中的广告比较简单,用 Flash 动画的形式表现出商家促销活动的主要内容,以及参加活动的更多优惠的介绍等。

制作动画主要根据商家的内容指定版面的色彩、图片等,使得其更加吸引消费者的眼球。

二、任务目标

1)掌握补间动画的使用方法。

2)掌握遮罩层动画。

三、遮罩层动画

学习目标:

1)理解遮罩层和被遮罩层的概念。

2)理解遮罩动画产生的设计原理。

3)掌握使用遮罩动画的基本方法和常用的操作技巧。

4)了解多层遮罩动画的运用。

遮罩层与引导层一样,制作的时候至少也需要 2 个图层:遮罩层和被遮罩层。在 Flash 中很多动画都是通过它来实现的,例如探照灯效果、水波、百叶窗式图片的切换等,合理地使用遮罩层可以创建出你意想不到的效果。

1. 理解遮罩层动画原理

(1)基本概念

遮罩,也被称为"蒙版"。在 Flash 中,遮罩层就如同沾有水雾的玻璃,只有用手指画出任意一个形状,外面的风景才能透过形状尽收眼底。遮罩对象可以为多个,那就是多层遮罩。动画在发布的时候,此形状内的对象被显示,形状外的将被遮蔽起来。

(2)创建遮罩层和被遮罩层的方法

在图层上单击鼠标右键,然后在弹出的快捷菜单中选择"遮罩层"命令,则当前图层变成遮罩层,将需要被遮罩的图层拖移至遮罩层下方,则此图层变成被遮罩层。

(3)遮罩动画的原理

与普通层不同,在具有遮罩层的场景中,只能通过绘制的形状才能看到被遮罩的对象,如图 5-10 和图 5-11 所示可以看见遮罩前和遮罩后的不同之处。

图 5-10 遮罩前 图 5-11 遮罩后

遮罩层中的对象必须是色块、文字、符号、影片剪辑元件、按钮或群组对象，而被遮罩对象不受限制。

2. 创建遮罩层动画

（1）首先新建一个图层"画"。在第 1 帧绘制如图 5-12 所示的画后，转换为图形元件，并延续至第 50 帧。

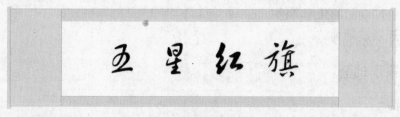

图 5-12 图层"画"

（2）新建图层"矩形"，绘制一个纵向能覆盖画的矩形，颜色任意，如图 5-13 所示。

图 5-13 图层"矩形"

（3）选择图层"矩形"，在第 40 帧处插入关键帧，在第 1 帧的时候，使用任意变形工具将矩形变形，创建形状动画，如图 5-14 所示。

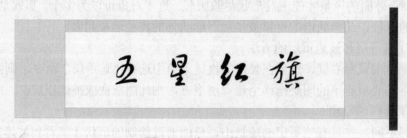

图 5-14 变形后的矩形

（4）新建图层"右轴"，绘制如图 5-15 所示的右轴后，转换为图形元件，延续至第 50 帧。

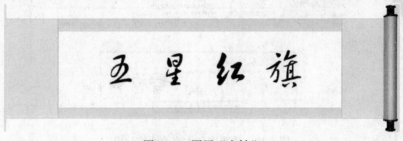

图 5-15 图层"右轴"

（5）新建图层"左轴"，将图形元件拖移至如图位置。在第 40 帧处将左轴拖移至另一端，创建补间动画。如图 5-16 所示。

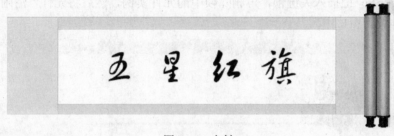

图 5-16 左轴

（6）右击图层"矩形"，设置为遮罩层，将图层"画"拖移至其下方后，就可以测试影片了。

四、任务实施

【操作过程】

1）打开附书光盘"项目 5\任务 2 促销活动广告\动画制作\促销活动广告.fla"文件，执行"插入新建元件"命令，弹出"创建新建元件"对话框，设置"类型"为"影片剪辑"，设置"名称"为 move。单击时间轴第 24 帧，按<F6>键插入关键帧，将元件"活动内容"从"库"面板拖入元件编辑窗口中，如图 5-17 所示。

图 5-17 活动内容

2）依次单击时间轴第 30 帧、第 35 帧、第 38 帧，并按<F6>键插入关键帧，选择工具箱中的"任意变形工具"，分别将第 24 帧和第 35 帧中的实例调小，在"属性"面板的"颜色"下拉列表中选择 Alpha 选项，再设置 Alpha 数量为 0%。分别设置除第 38 帧外的其他关键帧的补间类型为"动画"。单击时间轴第 95 帧，并按<F5>键插入帧，效果如图 5-18 所示。

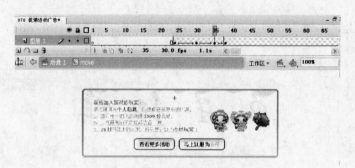

图 5-18　透明度与大小改变的效果

3）新建"图层 2"图层，并将其拖动到"图层 1"下方。单击时间轴第 4 帧，并按<F6>键插入关键帧。将元件"模糊图"从"库"面板拖动到场景中，如图 5-19 所示。单击时间轴第 11 帧，并按<F6>键插入关键帧，再删除帧中的元件实例，然后将元件"清晰图"从"库"面板拖入元件编辑窗口中。

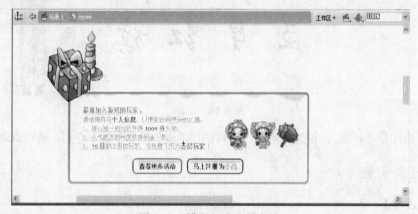

图 5-19　模糊与清晰的变换

4）新建"图层 3"图层，并将其拖动到"图层 1"上部。单击时间轴第 11 帧，并按<F6>键插入关键帧。将元件"模糊图 1"从"库"面板拖动到元件编辑窗口中，单击时间轴第 18帧，并按<F6>键插入关键帧，再删除帧中的元件实例，然后将元件"清晰图 1"从"库"面板拖入元件编辑窗口中，如图 5-20 所示。

图 5-20　另一个模糊与清晰的变换

5）插入一个影片剪辑元件，设置名称为"文本遮照"，将元件图层1中的第1帧拖入元件"标题"，位置在中心点以上，在同一图层第5帧上插入关键帧，将"标题"由原来位置移动到中心点下方，再用任意变形工具将其变小；在第10帧处插入关键帧，并用任意变形工具在同一位置将中心点拖到下方，将其拉高；第13帧处跟第10帧处的步骤一样，将其变大；第15帧的动作跟第10帧一样，可以直接复制帧，如图5-21所示。

图5-21　文字变换

6）新建"图层2"图层，在第22帧处插入关键帧，拖入标题元件，位置与图层1中的最后一帧一样，单击第22帧，选择属性面板中的"颜色"亮度并改变为30%，如图5-22所示。

图5-22　亮度的变化

7）新建"图层3"图层，在第22帧处插入关键帧，画一个倾斜的颜色为青绿色的长条，位置在标题前面，再在第40帧处插入关键帧，将长条移动到标题之后，创建补间动画；之后在第55帧到第75帧之间做同样的补间，但是位置颠倒。图层3设置为遮罩层，图层2设置为被遮罩，如图5-23所示。

8）新建"图层4"图层，单击时间轴第18帧，并按<F6>键插入关键帧。将元件"文本遮罩"从"库"面板拖入元件编辑窗口中。新建"图层5"图层，单击时间轴第95帧，并按<F6>键插入关键帧，在"动作"面板中输入 stop（）；代码。动作停止的效果图如图

5-24 所示。

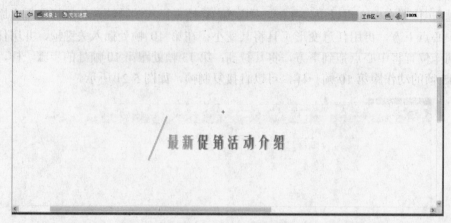

图 5-23　字的遮罩

图 5-24　动作停止

9）新建"图层 6"图层，单击时间轴第 38 帧，并按<F6>键插入关键帧。将元件"反应区"从"库"面板拖入元件编辑窗口中，再使用"任意变形工具"调整大小。调整大小后的图如图 5-25 所示。

图 5-25　调整大小

10）回到主场景，新建"图层2"图层，将元件move从"库"面板拖入场景中，并调整位置，如图5-26所示。

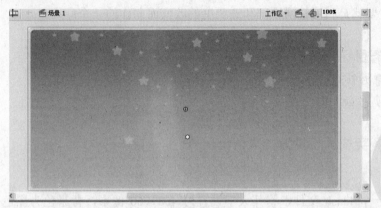

图5-26　插入背景

11）按<Ctrl+Enter>键测试动画，就可以看到动画的效果了，如图5-27所示。

图5-27　完成后的动画效果

任务3　体育网站广告

一、任务分析

体育网站广告主要是在体育网站上宣传关于体育方面的广告。它包含为某些体育项目做的宣传标语，利用某些体育明星作为宣传形象增大体育迷们对这个项目产生更大的兴趣；还有某些生产体育用品方面的厂商为了赢取更大的利润，会在体育网站上作出各种不同的广告和利用体育明星们对观众的影响制作出某些限量版、珍藏版的物品来激发那些热爱体育的观众们的兴趣。在体育网站上的广告一般都是这些体育厂商的赞助商，观众可以在观看比赛的同时又可以了解关于它们的产品，可以直接单击广告进入厂商的网站，进一步了解其产品。

本任务中的广告利用 Flash 动画的补间动画形式为大家展现了广告中标语由小到大是如何渐渐引入的；同时还展示了明星宣传海报等一个一个慢慢突出、透明度改变的动画效果。

此动画主要就是利用补间原理和透明度的改变而制作的一个广告。

二、任务目标

1）深入掌握补间动画。

2）学习使用 getURL 语句。

三、任务实施

【操作过程】

1）新建一个 Flash 文件，将其大小设置为 468×60 像素，背景色为黑色，按<Ctrl+F8>键创建一个图形元件，将其命名为"广告语 1"。进入该图形元件的编辑状态，使用"文本工具"在舞台中输入广告语"非篮球文化狂热分子，请勿进入!"，如图 5-28 所示。

2）将"图层 1"图层重新命名为"广告语 1"，选择该图层的第 5 帧，并按<F7>键插入空白关键帧，将图形元件"广告语 1"拖动到舞台中，再利用"任意变形工具"将其缩小，在"属性"面板中调整其 Alpha 数值为 0%，如图 5-29 所示。

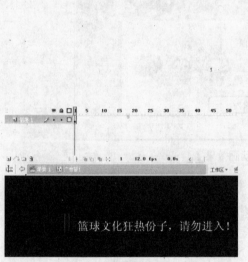

图 5-28 广告语

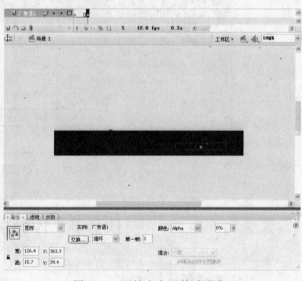

图 5-29 调整广告语的透明度

3）在"广告语 1"图层的第 11 帧处插入关键帧，再选择"任意变形工具"将第 11 帧中的"广告语 1"图形实例进行放大，并且将其 Alpha 数值恢复为 100%，再在第 5 帧和第 11 帧之间设置动画补间，使"广告语 1"实例展现出由小到大渐显的动画效果，如图 5-30 所示。

4）下面制作广告语渐隐出场的效果。分别在第 65 帧和第 70 帧处按<F6>键插入关键帧，然后选择第 70 帧上的"广告语 1"图形实例，将其 Alpha 数值设置为 0%，在第 65 和第 70

帧之间创建运动补间动画，如图 5-31 所示。

5）为了更好地表现广告语中"请勿进入"的效果，还需要制作一个"禁止进入"的标志的动画效果。首先，新建一个名为"禁止标志"的图形元件，进入该元件的编辑状态，配合使用"椭圆工具"和"矩形工具"绘制禁止进入的标志，如图 5-32 所示。

6）返回主场景。新建"禁止标志"图层，将图形元件"禁止标志"插入到该图层第 42 帧中，然后将其复制到第 48 帧，制作出禁止标志由大到小渐显进入舞台的动画效果，如图 5-33 所示。

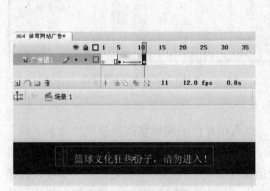

图 5-30　字体的变化效果

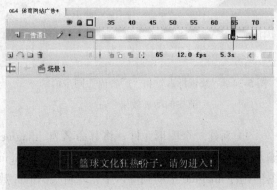

图 5-31　字体渐隐

图 5-32　禁止标志

图 5-33　图标与字体的配合

7）选择第 65 帧到第 70 帧，制作图形实例"禁止标志"和前面的"广告语 1"一起同步逐渐消失的动画效果，如图 5-34 所示。

8）新建"白背景"图形元件，在其中绘制一个和舞台等大的长方形，填充颜色为白色。新建一个图层，将该图层命名为"背景转换"，然后在第 70 帧到第 74 帧制作白色背景渐显运动补间动画效果，如图 5-35 所示。

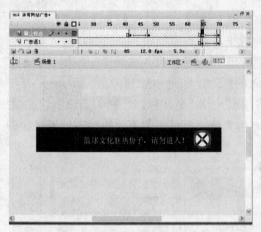

图 5-34　"禁止标志"和"广告语"同步消
　　　　　消失的动画效果

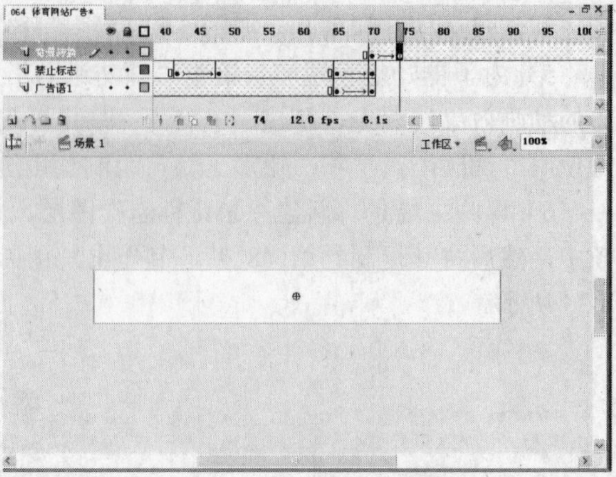

图 5-35　背景的转换

9）新建一个图形元件，将其命名为 imagine。进入该元件的编辑状态，使用"文本工具"输入英文 imagine。返回主场景，新建图层 imagine，在该图层的第 74 帧处插入空白关键帧，将图形元件 imagine 拖动到舞台中，并将其 Alpha 数值设置为 0%。在第 80 帧处插入关键帧，将该关键帧的 imagine 图形实例的 Alpha 数值恢复为 100%，并在第 74 帧和第 80 帧之间创建动画补间，分别选择 imagine 图层的第 220 帧和第 225 帧，再插入关键帧，然后将第 225 帧的图形实例 imagine 的 Alpha 数值设置为 0%，并创建动画补间，使英文 imagine 逐渐消失，如图 5-36 所示。

10）导入附书光盘"项目 5\任务 3 体育网站广告\素材\体育网站广告 1.png"文件，将其转换为图形元件。进入该图形元件的编辑状态，将图片拖动到舞台中，并按<Ctrl+B>键将其打散，如图 5-37 所示。

图 5-36　inagine 图形的出现和消失

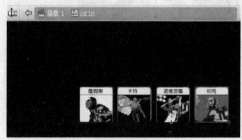

图 5-37　打散图片

11）由于导入的图片是由 4 块组成的，因此需要使用"选择工具"逐个选取其中的图片，然后按<F8>键，将它们分别转换为图形元件，如图 5-38 所示。

12）新建图层，将其命名为"图片 1"。在该图层的第 82 帧处插入空白关键帧，将图形元件"图片1"拖动到该帧的舞台中，并在"属性"面板中设置其 Alpha 数值为 0%。选择第 86 帧，插入关键帧，将该帧的图形实例"图片 1"的 Alpha 数值设置为 100%，并在两个关键帧之间创建运动补间动画，选择"图片1"图层的第 159 帧，插入空白关键帧，使"图片 1"只显示到第 159 帧就结束，如图 5-39 所示。

13）再分别新建 3 个图层，并按照步骤 12）的操作方法制作其他 3 个图片实例的渐显效果，如图 5-40 所示。

14）接下来制作第二条广告语。新建图形元件，将其命名为"广告语 2"。进入该元件的编辑状态，使用"文本工具"在舞台中输入广告语"United Ballers全套海报，中国限量珍藏！"并放回主场景。新建"广告语2"图层，在该图层的第 159 帧处插入空白关键帧，将图形元件"广告语 2"拖动到舞台中，并设置其 Alpha数值为 0%，如图 5-41 所示。

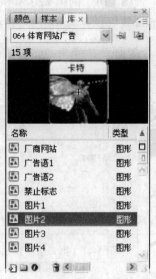

图 5-38 转换元件

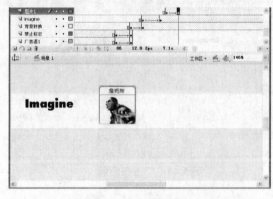

图 5-39 改变透明度

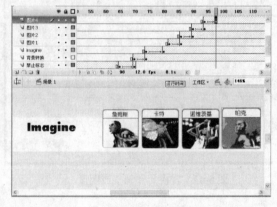

图 5-40 图片渐显

15）在第 165 帧处插入关键帧，选择该帧的图形实例"广告语 2"将其 Alpha 数值设置为 100%。再在第 159 帧和第 165 帧之间创建运动补间动画，使"广告语 2"渐显进入到舞台当中，分别选择"广告 2"图层的第 220 帧和第 225 帧，并插入关键帧，将第 225 帧的图形元件"广告语 2"的 Alpha 数值设置为 0%，使其渐隐出舞台，如图 5-42 所示。

16）将附书光盘"项目 5\任务 3 体育网站广告\素材\pic2.jpg"文件导入到库中，然后将其转换为图形元件，并将该元件命名为 pic2g。返回主场景，新建一个图层，将图层命名为"广告图"。选择该图层的第 159 帧，并插入空白关键帧，将图形元件"广告图"拖动到舞台中，并设置其 Alpha 数值为 0%，如图 5-43 所示。

17）在第 165 帧处插入关键帧，选择该帧的图形实例"广告图"，将其 Alpha 数值设置为 100%。在第 159 帧和 165 帧之间创建动画补间，使广告图渐显进入到舞台当中。分别选择"广告图"图层的第 220 帧和第 225 帧，并插入关键帧，将第 225 帧的图形元件"广告图"的 Alpha 数值设置为 0%，使其渐隐出舞台，如图 5-44 所示。

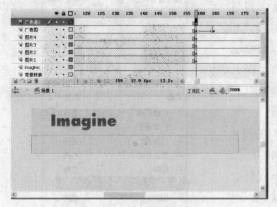

图 5-41　第二条广告语

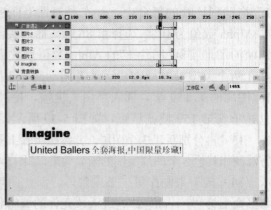

图 5-42　补间与透明度的改变

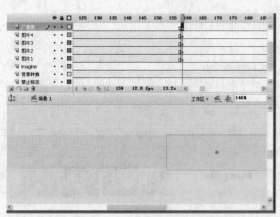

图 5-43　转换元件调整透明度

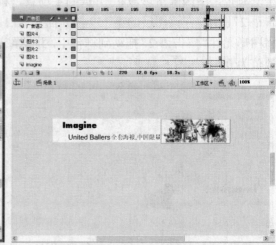

图 5-44　广告条渐隐

18）新建一个图形文件，将其命名为"厂商网站"。导入"项目 5\任务 3 体育网站广告\素材\厂商网站.jpg"文件，新建图层，将图层命名为"厂商网站"。选择该图层的第 225 帧，并插入空白关键帧。将图形元件"厂商网站"拖动到舞台中，并设置其 Alpha 数值为 0%，再选择"厂商网站"图层的第 230 帧，并插入关键帧，将此帧中的"厂商网站"图形实例的 Alpha 数值设置为 100%，使厂商的网址能够逐渐显示出来。同时，为了使网址显示的时间能够长一些，需要将网址文字延续到第 280 帧，如图 5-45 所示。

19）创建一个按钮元件，将其命名为"按钮"，使用"矩形工具"在按钮元件的"点击"帧绘制一个和广告条相同大小的长方形，并放回到主场景，新建一个图层，将该图层命名为"按钮层"，将按钮元件"按钮"拖动到舞台中，使其覆盖整个广告条。选择"按钮"实例，在"动作"面板中为其添加如下动作代码。

On (release)

{getURL("http://www.nike.com.cn","_blank");

20）至此，Flash 广告条已经制作完毕，最后按<Ctrl+Enter>键测试动画，就可以看到动画的效果了，如图 5-46 所示。

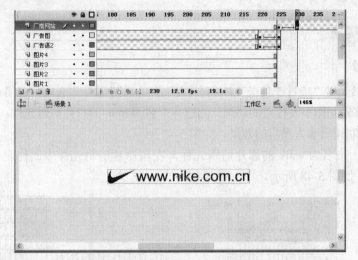

图 5-45　透明度变化的效果

图 5-46　广告完成

任务4　广告公司广告

一、任务分析

广告公司广告与其他广告不同的是它主要是给人以细节比较有趣，要具有震撼的效果。其他广告的目的是让人们更多地去了解其产品的作用，而广告公司广告主要是让人们感觉到它的有趣、好玩，并且给人们一种快乐的感觉。一个广告公司的广告是非常重要的，因为它代表着公司，人们从广告中可以看出公司的实力。从而也会给公司带来许多商机。

本任务中的广告动作较丰富，利用 Flash 动画的逐帧动画表现了人物的行走、人物各个部位的动作等。逐帧动画一帧一个动作，形象地将事物的动作、表情以及震撼的效果都突显出来。再在不同的动作上加上所配的声音，更加能体现出所要的效果。

二、任务目标

1）掌握使用逐帧动画可表现丰富的运动效果。

2）能够使声音与动画节奏一致。

三、任务实施

【操作过程】

1）打开附书光盘"项目 5\任务 4 广告公司广告\动画制作\广告公司广告.fla"文件（素材都在该文件里）。首先制作小人行走的动画。创建一个名为 man 的影片剪辑元件，在该影片剪辑元件中用逐帧动画制作出小人漫步的效果，如图 5-47 所示。

2）再创建一个名为 walk 的影片剪辑元件，在该影片剪辑元件中制作出小人从左到右运动的动画内容，如图 5-48 所示。

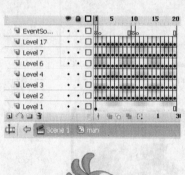

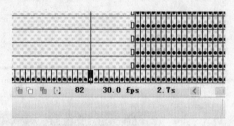

图 5-47　人物走路　　　　　　　　　　　图 5-48　人物运动

3）继续制作影片剪辑元件，绘制出小人吃惊后突然停下的样子，并将其放在 walk 元件的最后一帧，如图 5-49 所示。

4）在动画的后半部分，还有小人站在下方看上面的文字掉落的情景，绘制出小人此时的动作表情，如图 5-50 所示。

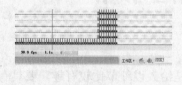

图 5-49　人物动作　　　　　　　　　　　图 5-50　人物嘴巴的变化

5）继续在影片剪辑元件中制作后面的动画内容，包括文字从天上掉落的内容，如图 5-51 所示。

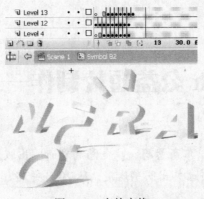

图 5-51 字的变换

6）将这些动画片段连接在一起，并且在适当的帧添加声音，这个动画就制作完毕了。发布动画便可以看到动画的效果，如图 5-52 所示。

图 5-52 作品完成

 项目总结

本项目通过 4 种不同类型的商业广告任务制作，使我们了解了广告制作的方法。不同的广告表现的手法不同，所以我们需要发挥自己的想象空间，利用合适的动画形式充分地把广告内容给表达出来。而且，我们发现小言制作的每个任务都是设计在前，制作在后。由此可见，广告动画的制作必须要有前期新颖、合理的设计，再加上后期动画技术的配合，才能完成一个个完整而又具有商业与艺术双重价值的作品。

项目实践

1. 复习逐帧动画、补间动画、getURL 语句、插入声音等。

2. 我们在"项目 5\任务 1 数码相机广告\素材"里提供了笔记本图片，大家可以根据数码相机广告的例子做一个笔记本的广告。

3. 模仿"促销活动广告"实例为某公司做"中秋月饼"的促销广告。

4. 复习遮罩层动画，做卷轴打开的效果，还可做毛笔写字的效果，想想看还可以做出哪些效果？

项目 6　Flash 公益短片制作——《环保之心》

中宣部、中央文明办、工商总局、广电总局和新闻出版总署日前就"进一步做好公益广告宣传"发出的通知对此作出明确规定：从 2003 年起，大众媒体的公益广告量不得低于商业广告量的 3%。

可见公益广告日渐显现出的重要性。其实，早在大约四五千年以前，中国古代就有了公益广告，它的起源早于商业广告的产生。真正意义上的公益广告产生于 20 世纪 40 年代的美国。当时是为了向社会呼吁由工业化大生产所引发的一系列社会问题，为了引起社会公众的关注和响应，公益广告作为一种工具应运而生。

关于公益短片

我国通过电视媒体播出公益广告，最早出现在 1986 年贵阳电视台摄制的《节约用水》。之后，1986 年 10 月 26 日，中央电视台开播《广而告之》栏目，揭开了我国公益广告新的一页。而且许多在网络上流行的 Flash 动画也纷纷搬上了电视荧幕，实现了一片两播。比如：2008 年，南方遭遇罕见雪灾，动画人们纷纷制作了《心手相连，爱心传递》、《抗雪灾，献爱心》等动画短片，通过这些公益短片，唤起全国人民"众志成城抗雪灾"的信念！如图 6-1 所示。

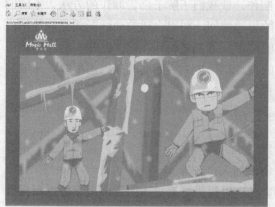

图 6-1　《抗雪灾，献爱心》Flash 动画短片

公益广告具有社会的效益性、主题的现实性和表现的号召性三大特点。它与商业广告的区别是一种非营利性广告，它是指一切不以直接追求经济效益为目的而为社会公众切身利益和社会风尚服务的广告。公益广告通常由政府有关部门来做，广告公司和部分企业也参与了

公益广告的资助，或完全由它们办理。它们在做公益广告的同时也借此提高了企业的形象，向社会展示了企业的理念。这些都是由公益广告的社会性所决定的，使公益广告能很好地成为企业与社会公众沟通的渠道之一。

公益广告的主题具有社会性，其主题内容存在深厚的社会基础，它取材于老百姓日常生活中的酸甜苦辣和喜怒哀乐。并运用创意独特、内涵深刻、艺术制作等广告手段来正确诱导社会公众。公益广告拥有最广泛的广告受众。从内容上来看大都是我们的社会性题材，从而导致它解决的基本是我们的社会问题，这就更容易引起公众的共鸣。因此，公益广告容易深入人心。我们企业通过做这样的广告就更容易得到社会公众的认可。

一个优秀的公益广告主题要鲜明，创意要独特，语言要优美，制作要精良。还一定要有深刻的教育意义。看创意好的公益广告可以说是一种艺术享受。

项目介绍

随着全球环境污染和生态破坏的现象日益明显，越来越多的人开始关注环境问题，并通过不同的方式参与到环境保护的行列之中。作为一种宣传社会价值观与大众服务的有效形式，公益广告在宣传生态环境问题、传播环境知识中起着积极作用，也常被企业单位、政府机构、非营利性组织、社会公众及个人用于劝说，唤起公众的环境保护意识，从而引导公众参与到保护环境的行列。

作为一名有爱心的动画人，小言也义不容辞地参与了环保活动，制作了《环保之心》公益Flash动画短片。

项目目标

1. 学会编写动画脚本。
2. 掌握景别，学会镜头的运动，推、拉、摇、移。
3. 深入理解遮罩层动画。（在项目5中初步认识遮罩动画）
4. 掌握引导层动画。
5. 掌握昆虫飞舞的运动规律。
6. 掌握鱼游动的运动规律。

项目规划

一、项目分析

小言准备用Flash动画美景唤醒人们对大自然的热爱与向往，从而提出"愿美景常在，爱心常驻"的呼吁！小言根据自己的创作思路先选择背景音乐，当听到《一帘幽梦》的古筝曲时，他的心被深深打动了，那悠扬的意境与他要表现的画中美景相当吻合。在反复听了多遍后，他脑海里浮现出一幅幅山水画，花鸟画……所以他决定找系列中国画作为画面背景，做有中国韵味的 Flash 动画。根据这样的思路，他通过上网、查找国画画册等途径选择了几幅有代表性的画面。再在画面的基础上进一步构思文字脚本。

在制作动画前，首先要构思好动画的脚本，然后根据脚本编排情节。

知识链接

脚本是动画的灵魂，没有好的脚本，技术上再精良的作品也会显得缺少整体规划，风格不统一，转换生硬、突兀，甚至会出现不知要表达什么的情况。在编写过程中，要考虑到故事情节是否适合 Flash 动画的表现，尽量避免动画不能表现的情节。适当增加戏剧冲突，更能吸引观众的眼球。（在后面项目 8 中将详细介绍脚本与分镜头剧本）

为了营造一种悠闲、快乐、美丽的心境，小言选择了一些有代表性的中国元素：月夜竹影婆娑，一叶轻舟泛舟江上，鱼戏莲叶间，蜻蜓在粉荷间盘旋舞蹈……

文字脚本构思如下：

先由古代扇面打开一幅月夜下竹影婆娑图，直接将观众带入古代的意境。再切入主题：《环保之心》，然后用推拉镜头的手法出现第一幅画面—— 一张水墨山水画，烟雾飘渺中一叶轻舟在山水间顺流而下，出现"泛舟江上，悠哉"几字，突出一个"悠"字。"悠"字中的一点化作一片落叶，落入水中，激起圈圈涟漪。由涟漪扩散切换到下一个镜头——荷叶下"鱼戏水间，乐哉"，突出一个"乐"字，有只蜻蜓飞来落在莲蓬上。淡入淡出到下一个画面——荷塘里，两枝粉荷亭亭玉立，这只蜻蜓又进入画面，在荷花间飞舞"蜓舞荷间，美哉"，突出一个"美"字。"美"字放大模糊成一个墨迹，出现主题"愿美景常在，爱心常驻"。

二、项目设计与制作步骤

1. 搜集素材（背景音乐、图片、文字资料等）。
2. 编写文字脚本。
3. 设计分镜头台本。
4. 原画创作。
5. 动画制作。
6. 动画测试。

项目实施

一、分镜头设计

根据文字脚本分析、绘制分镜头台本，见表6-1。

表 6-1　《环保之心》分镜头表

镜　号	画　面	内　容	长度（秒）
分镜一		打开扇面，隐约看到里面月夜美景	5.8s
分镜二		出现《环保之心》题目，然后推镜头：扇面扩散出现整个月夜竹影图	3.6s
分镜三		拉镜头：远景。 出现第一幅画面——一张水墨山水画，烟雾飘渺中一叶轻舟在山水间自上而下，在舞台左侧出现"泛舟江上，悠哉"字样	8.9s
分镜四		"悠"字渐渐放大，其余字隐去。"悠"字中的一点化作一片落叶，落入水中，激起圈圈涟漪。整幅画面渐渐淡出	2.8s
分镜五		由涟漪扩散切换到下一个镜头——鱼儿在荷叶下欢快地游来游去，有只蜻蜓飞来落在莲蓬上	7.6s
分镜六		"鱼戏水间，乐哉"几字从舞台右侧出现，"乐"字慢慢放大，画面渐渐淡出	6.2s
分镜七		下一个画面淡入——荷塘里，两枝粉荷亭亭玉立，一只蜻蜓飞过来，停在荷花上	5.0s
分镜八		渐现"蜓舞荷间，美哉"文字。"美"字慢慢放大，渐变模糊	9.9s
分镜九		"美"字放大模糊成一个墨迹，出现主题"愿美景常在，爱心常驻"文字。一只蝴蝶飞来，停在了"驻"字上	8.9s

【景别】

在项目 2 中简单介绍过景别是标明各场景镜头远近的处理方法，如：远景、特写等，作为拍摄时对镜头处理的提示。景别也称镜头范围，是由物体和摄影机之间的距离大小决定的。在设计镜头时，要考虑什么样的视线范围适合这一段镜头。

根据镜头的拍摄范围，分为 6 种常用类型：远景、全景、中景、近景、特写和大特写。

1）远景：指表现广阔场面的画面。如：自然景色、盛大的群众活动场面。远景画面能在观众的心理上产生过渡感或退出感，常用于影片的开头、结束或场景的转换，形成舒缓的节奏，如图 6-2 所示。

2）全景。是摄影机摄取人像全身的一种画面。这种画面可使观众看到人物的全身动作及其周围部分环境。全景的作用是确定人物和事物的空间关系，展示环境特征，表现某一片段的发生地点，为后续情节定向，同时全景还有利于表现人物和事物的动势，如图 6-3 所示。

图 6-2　远景

图 6-3　全景

3）中景。中景是摄取人物膝盖以上或事物的大部分以及场景局部的画面。这种画面不仅能使观众看清人物的面部表情或某种形体动作，又不与周围气氛、环境脱节，可以揭示人物的情绪、身份、相互关系及动作和目的，如图 6-4 所示。

图 6-4　中景

4）近景。近景包括被摄对象更为主要的部分（如人物上半身以上的部分），用以细致地表现人物的精神和物体的主要特征。近景的视距比特写稍远，有些摄取人物腰部以上的镜头，又称中近景。近景画面拉近了被摄人物与观众的距离，容易产生一种交流感。

它用视觉交流带动观众与被摄人物的交流，并缩小与画中人物的心理距离，是影视动画吸引观众并将观众带进特定情节或现场的一种有效手段。

5）特写。特写是表现被摄对象某一局部（如人物肩部以上或头部以及某些被摄对象细节）的画面，如惊呆的眼神、清晰的署名等，是对影片更细致的展示，揭示出特定的含义。

一般来说特写镜头比较短促，运用得当能使观众在时间、视觉和心理产生强烈的反应。特别是当它与其他景别镜头结合起来，通过长短、远近、强弱的变化，能造成一种特殊的蒙太奇的节奏效果。

6）大特写。大特写又称"细部特写"，是把拍摄对象的某个细部拍得占满整个画面的镜头。这种明显的强调作用和突出作用，具有极其鲜明、强烈的视觉效果。

【镜头的运动】

从广义来讲，镜头运动可以分为固定镜头和运动镜头两种。固定镜头是镜头运动下的一种特殊形式，是指摄像机在机位不动、镜头光轴不变、镜头焦距固定的情况下拍摄的画面。其画面相对较简单，容易辨识和理解。而运动镜头是相对比较复杂的一种镜头运用方法，是指摄像机持续运动拍摄的画面，即在一个画面中通过移动摄像机机位，或者改变镜头光轴，或者变化镜头焦距而进行的拍摄。运动镜头包括由推、拉、摇、移、跟、升降摄像和综合运动摄像形成的推镜头、拉镜头、摇镜头、移镜头、跟镜头、升降镜头和综合运动镜头等。

1）推镜头：画面中各个人物和物体背景不动，摄影机向前缓缓移动或急速推进的镜头。此种镜头的主要作用是突出主体，使观众的视觉注意力相对集中，视觉感受得到加强，加强情绪气氛的烘托。它符合人们在实际生活中由远而近，从整体到局部，由全貌到细节的观察事物的视觉心理。

2）拉镜头：从画面景别的角度来看，拉镜头就是画面构图范围由小范围、小景别到大范围、大景别连续过渡的镜头。拉镜头的主要作用是交代人物所处的环境以及和其他人物及环境的关系，营造出一种宽广舒展的效果，同时也是转换场景的机会。

3）摇镜头：摄像机的机位不动，只是使摄像镜头上下、左右、甚至周围的旋转拍摄，效果就好似人们站着不动，只转动头部来观察事物一样。由于摇镜头所展示的内容是创作者希望观众看到的东西，因此摇镜头带有创作者强烈的主观性。摇镜头在描述空间、介绍环境方面有使观众产生身临其境的感觉。

4）移镜头：移镜头是机器自行移动，不必跟随被摄对象。它类似于人们边走边看的状态，移镜头同摇镜头一样能扩大银幕二维空间映像能力，但因机器不是固定不变的，所以比摇镜头有更大的自由性，它能打破画面的局限，扩大空间视野，表现广阔的生活场景。

5）跟镜头：跟镜头是镜头锁定在某个行动中的物体上，当这个物体移动时镜头也跟着移动，以便快速和详细地表现出对象整个的活动情况。根据拍摄角度的不同，跟镜头一般分为前跟、后跟（背跟）和侧跟三种情况。由于跟镜头始终跟着运动着的主体，因此有特别强的穿越空间的感觉，适用于连续表现角色的动作、表情或细部的变化。

6）升降镜头：升降镜头指的是镜头固定，而摄影机本身进行垂直位移所拍摄的镜头效果。摄影机从平摄慢慢地升起，形成高低拍摄，显示广阔的空间，可以从局部慢慢展示整体；反之，也可以从广阔的俯视全景下降到局部拍摄。升降镜头多用于场面的拍摄，它不仅能改变镜头新的视觉空间，而且有助于戏剧效果和气氛渲染、环境介绍。它有连续性，又富于强烈的动感，是一种能使观众感觉场面壮观、气势磅礴的效果。

7）综合运动镜头：在一些大场景中经常运用综合运动镜头，即在一个片段中把推、拉、摇、移、跟等各种运动摄像方式，不同程度地、有机地结合起来运用。

二、原画创作

因为整个动画片采用中国传统风格，所以场景选择水墨画的风格比较合适。

竹、题目、山水画等均可在 Photoshop 中处理好后直接导入到 Flash 中做动画。以下为处理好的各场景。（因本书着重讲解 Flash CS3 软件的使用，所以在 Photoshop 中的处理过程就不再赘述。）如图 6-5 所示。

图 6-5 《环保之心》主要场景

本项目主要使用设计软件：Photoshop CS3、Flash CS3。

三、动作设计（引导层动画）

在讲解本项目的动作设计之前，先通过知识链接来掌握 Flash 动画的类型。

动画有两种基本类型：逐帧动画与补间动画。而补间动画又分为动画补间动画和形状补间动画。在项目 2、3 中我们已经详细了解过，这次我们制作的动画运动轨迹比较复杂，例如：小鱼游动、蝴蝶、蜻蜓飞舞等就要采用引导层动画。还有些效果将用到遮罩层动画。

知识链接

【制作引导层动画】

掌握知识点：

1）理解引导层与被引导层的概念。

2）掌握利用引导层建立的引导线动画的基本方法和常用的操作技巧。

3）了解多层引导动画的运用。

引导层动画是 Flash 中一种重要的动画类型，它实现了有一定运动轨迹的曲线动画，如漫天飞舞的雪花、飞舞的蝴蝶、漂浮的气泡等，使它们随着一条曲线运动，画面也随之丰富生动起来。

1．理解引导层动画原理

（1）基本概念

引导线就是设定运动对象运动的某一路径（路线）。在引导层中画好运动路径，在被引导层中使运动物体的中心和路径相吸附在一起，动画在发布的时候，引导线不会显示出来。它包括普通引导层和运动引导层。

（2）创建运动引导层和被引导层，可以采用下面的方法

1）在"时间轴"面板中直接单击 　按钮，则在当前图层上增加一个运动引导层，当前图层变成被引导层。

2）在图层上单击鼠标右键，然后在弹出的快捷菜单中选择"添加引导层"命令，则当前图层变成被引导层。

3）选择某个图层，选择"修改"→"时间轴"→"图层属性"命令，打开"图层属性"对话框，点选"引导层"或"被引导层"单选按钮，可将当前图层设置为引导层或被引导层。

4）选择某个图层，选择"插入"→"时间轴"→"引导层"命令，则在当前图层上增加一个运动引导层，当前图层变为被引导层。

（3）创建普通引导层，可以采用下面的方法

在某个图层上单击鼠标右键，然后在弹出的快捷菜单中选择"引导层"命令，则当前图层变成普通引导层。

（4）普通引导层和运动引导层的转化

1）选择某个图层，转换为普通引导层。

2）按住鼠标左键将上一个图层拖动到此图层的下方，这样此图层将转换为运动引导层。

2．创建一个简单的引导层动画

1）首先新建一个图层"小球"，直接选取拾色板上的渐变色，用椭圆工具绘制如图6-6所示的圆，转换为图形元件。

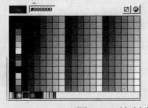

图 6-6　绘制小球

2）使用上面所介绍的任意方法，添加引导层，可以使用钢笔、铅笔、直线、椭圆、矩形、刷子等工具在如图 6-7 所示的图层上调整路径（可根据自己的意愿调整）。

图 6-7　引导线

3）在引导层的第 20 帧处插入帧，在图层"小球"的第 20 帧处插入关键帧，在图层"小球"的第 1~20 帧之间做补间动画。为了使小球按照所画的路径运动，在第 1 帧处将小球中心对准路径的一端，在第 20 帧将小球中心对准路径的另一端，如图 6-8 所示。

图 6-8　中心对准

完成上述设置后，就可以按<Ctrl+S>键保存文档，按<Ctrl+Enter>键浏览动画效果。大家可以使用如上方法自己制作一些相似的动画。

四、动画制作

制作取景框：

在制作动画工程中，有时有些素材图片会露到舞台外面，尤其是在移动和穿插过程中会显示在舞台外面，为了让观众看不到舞台外面的部分，我们可以在舞台的四周画一个大大的黑色外框，让它覆盖所有外面的部分。

操作过程如下：

1）在主场景建一个图层，命名为"取景框"，使其位于所有的图层上方。选择矩形工具，设置填充色为"无"，线条颜色随意。任意绘制一个矩形，全选矩形，在属性面板中设置宽为 550，高为 400，坐标值为（0，0），如图 6-9 所示。

2）保持矩形为选中状态，按<Ctrl+T>键打开"变形面板"，勾选"约束"，输入 300%，接着单击下面的"复制并应用变形"按钮 ，如图 6-10 所示。得到一个大外框，填充黑色，然后删除线条，锁定该层，取景框制作完成，如图 6-11 所示。

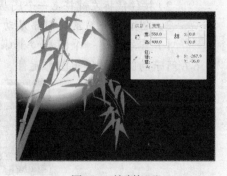

图 6-9　绘制矩形

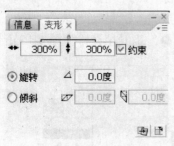

图 6-10　打开变形面板

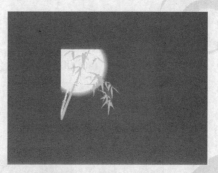

图 6-11　制作完成取景框

【操作过程】

根据分镜头台本，分步骤进行制作。

1. 导入背景、声音、制作片头背景

1）新建一个 Flash 文档，设置文档属性，尺寸为 550×400 像素，帧频为 12 帧/s，其他属性值默认，如图 6-12 所示。

2）选择"文件"→"导入"→"导入到库"，出现如图 6-13 所示对话框，选择所需背景音乐。

图 6-12　文档属性

图 6-13　导入音乐

3）选择图层 1 的第 1 帧，从"库"中将《一帘幽梦》的声音拖至舞台作为背景音乐，按<F5>键延长帧。

4）将图层 1 改名为"背景音乐"。点任意一帧，在"属性"框内，调整"同步"设置为"数据流"，其余属性值默认，如图 6-14 所示。

图 6-14　设置声音

5）单击""按钮，新建图层，双击更名为"背景"。

6）使用"□"工具，绘制一个等同于舞台大小的方框。

7）在拾色器内选择"＃000033"深蓝色，使用"◇"工具填充，如图6-15所示。

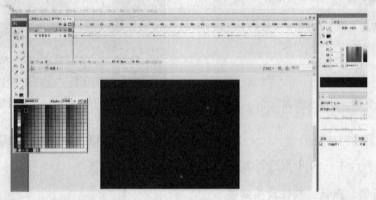

图6-15　画背景色

2. 导入片头中所需的图片（分镜头1、2）

1）新建图层，命名为"月亮"，填充颜色选择数值为#FFFF00的明黄色，用椭圆形工具画一个正圆，如图6-16所示。

2）做月亮的朦胧感。选择"修改"→"形状"→"柔化填充边缘"，在对话框里设置距离为 4，步骤数为 10，方向为扩展。按"确定"按钮可看到边缘柔化了，如图6-17所示。

3）此时效果还不够明显，可选中第 1 帧，全选月亮，右击转换为影片剪辑元件。在下面属性面板旁的滤镜面板中选择"添加滤镜"✚，选择"模糊"，调整 X、Y 为 55，品质为低，品质越高越模糊，如图6-18所示。

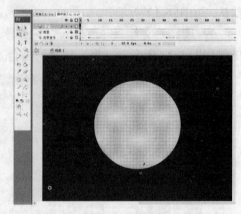

图6-16　画月亮

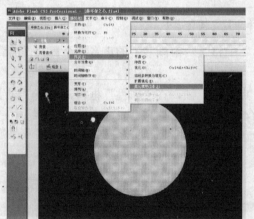

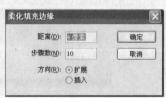

图6-17　柔化月亮边缘

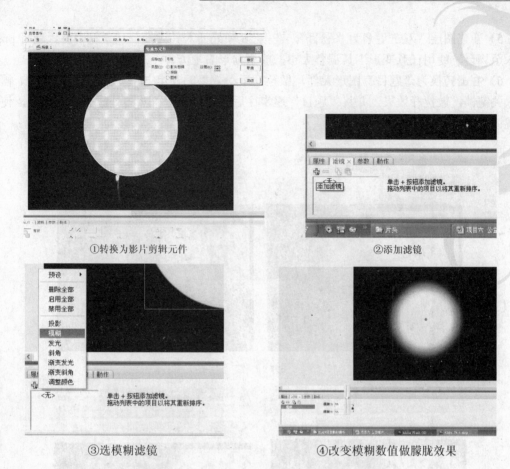

①转换为影片剪辑元件   ②添加滤镜

③选模糊滤镜   ④改变模糊数值做朦胧效果

图 6-18   用影片剪辑元件的模糊滤镜做朦胧效果

注：只有影片剪辑元件与文字可用滤镜。

　　4）从"项目 6\项目 6 素材"中导入"竹.png"到库面板，拖移至舞台后右击转化为"竹"图形元件，并调整大小，如图 6-19 所示。

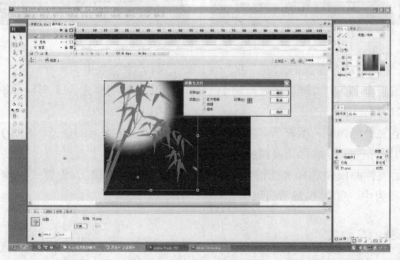

图 6-19   将导入的"竹.png"图片转化为图形元件

5）新建图层，双击更名为"题目"，在第56帧处插入关键帧，从素材中将"题目.png"导入至舞台，使用任意变形工具调整大小，放至扇形右上方。

6）右击转换为"题目"图形元件，做拉开运动效果。在第56帧处缩进，在第71帧处插入关键帧，做拉开效果，并将"题目"逐步往后移动，在第114帧处改变其透明度，使其呈现读出效果，如图6-20所示。

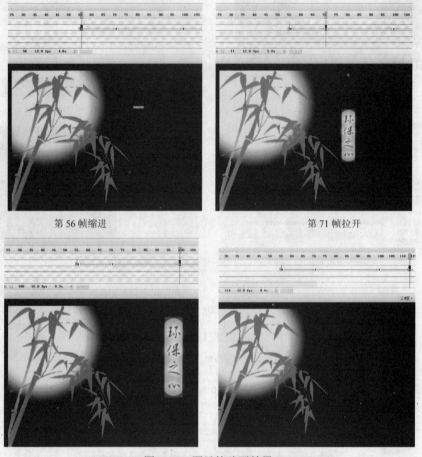

图6-20　题目的动画效果

7）为了使其更富有朦胧的意境，我们可以制作烟雾缭绕效果。

①新建图层命名为"烟雾"，选择刷子工具，设置笔刷模式为形状，刷子大小为最大，如图6-21所示。

②设置笔触颜色为无，填充颜色为白色。绘制如图6-22所示的任意图形，并转换为"烟雾1"影片剪辑元件。与做月亮模糊的方法类似。

③在下面属性面板中选择"滤镜"→"添加滤镜"→"模糊"，设置"模糊值"x、y分别为60，品质为中，如图6-23所示。

注意

在本文中所定的帧数、数位等在具体制作时可根据实际情况作相应调整。

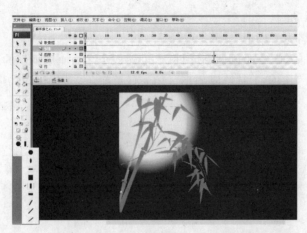

图 6-21 选择刷子工具准备画烟雾效果

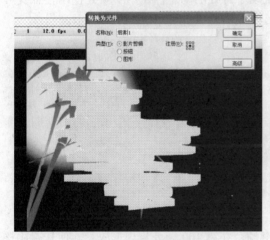

图 6-22 绘制烟雾

图 6-23 使用滤镜模糊烟雾

④在属性面板中将第 1 帧设置透明度为 50%，将烟雾平行移至舞台左边，在第 56 帧处插入关键帧，并改变其透明度为 35%，将烟雾平行移至右边，可适当变形。创建补间动画，如图 6-24 所示。

⑤再重复一次或多次效果。复制刚才的烟雾补间动画，在第 51 帧处粘贴帧。

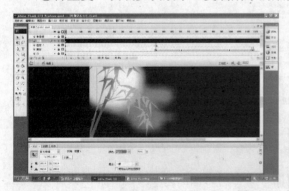
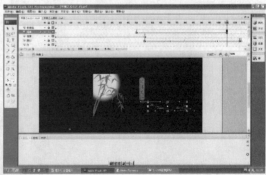

图 6-24 烟雾变形

8）制作扇形多层遮罩动画。

①新建图层，双击更名为"扇形"。

②选择菜单命令栏"插入"→"创建新元件"，创建一个名为"扇形"的图形元件。

③如图所示，使用" "钢笔工具绘制扇形，填充任意颜色，如图6-25所示。

图6-25 绘制扇形

④将扇形元件拖移至舞台，为了使画面呈现扇子打开的动态，在第1帧处使用任意变形工具缩小扇形。在第30帧处将扇子放大、还原，创建补间动画，如图6-26所示。

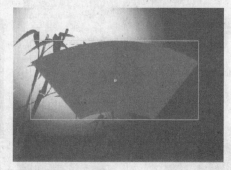

图6-26 扇子由小变大

⑤选择"扇形"图层，在第70帧处插入关键帧，在第100帧处将扇形放大，使其遮住整个舞台，创建补间动画。

⑥如图6-27所示，右击图层"扇形"，选择"遮罩层"。将所有需要遮罩的图层拖移至遮罩层内，形成多层遮罩动画。

图6-27 添加遮罩层

⑦为了使情景转换得更加流畅，我们在前面片头中所有图层第114帧处插入关键帧，在属性面板中改变其透明度为0%。

⑧为使背景不露白，再新建 1 个图层，放在最底层，画 1 个黑色矩形，在第 95 帧处插入空白关键帧。

3．拉镜头出现第一幅画面"山水画"（分镜头 3）

1）新建图层，双击更名为"山水画"。在第 90 帧处插入关键帧，将已找好的山水画素材导入舞台并将其放大至舞台的 3 倍，转换为"山水画"图形元件，在第 120 帧处插入关键帧，将其缩小至舞台大小，创建补间动画，完成第一个情景的转换。

2）新建图层，双击更名为"舟"。如图 6-28 所示，在第 135 帧处插入关键帧，导入"项目 6\素材\舟.png"到库，再从库面板中拖移至舞台外方，右击图层，添加引导层，用钢笔工具绘制引导线。在第 297 帧处插入关键帧，将舟分别在 135、296 帧处将舟的中心对准引导线，创建补间动画。为了使舟顺着引导线行驶，在属性面板中调整属性为"调整到路径"。

图 6-28 舟的中心对准引导线

3）新建图层，双击更名为"描述 1"。在第 175 帧处插入关键帧。使用文本工具，在舞台外竖排输入描述的内容——"泛舟江上，悠哉"。字体：方正楷体简体；字号：26。转换为图形元件，在 220 帧处移至舞台左上角，创建补间动画。

4）新建图层，更名为"悠"，如图 6-29 所示，在第 220 帧处插入关键帧，使用文本工具输入"悠"字（字体：方正大标宋简体；字号：62；字色：#FFFFFF），与前面的悠字位置、大小重合。转换为图形元件，在 240、255、268 帧处插入关键帧，在 240 帧处将悠放大并移至"泛舟"的上方，在第 255 帧处改变字体色调为#1941A5，透明度为 54%。在第 268 帧处放大并改变其透明度为 0%。

5）为了做出舟在山后行驶，在舟引导层上新建一图层，命名为"山"，导入"项目 6 素材\大山.png"到舞台。

4．落叶慢慢落入水中（分镜头 4）

1）新建图层，双击更名为"点"。如图 6-30 所示，绘制"悠"字下方心的一点，重合于"悠"。转换为图形元件，在第 290 帧处插入关键帧，将"点"拖移至流水中，在属性面板中，旋转顺时针 2 次。在第 300 帧处插入关键帧，改变透明度为 0%。分别创建补间动画。

2）新建图层，双击更名为"涟漪"。新建图形元件，如图 6-31 所示，绘制涟漪。在第290 帧处插入涟漪。在第 420 帧处插入空白关键帧。为营造一圈圈荡漾开来的动感，可再建一层"涟漪"。

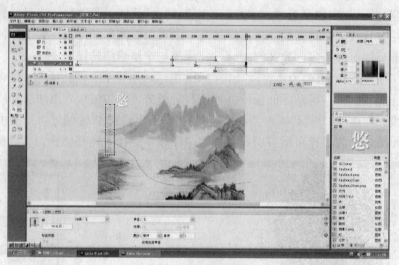

图 6-29　"悠"动画

图 6-30　一点

图 6-31　涟漪

3）新建图层，双击更名为"树叶"。新建图形元件，如图 6-32 所示，绘制树叶。在第300 帧处插入树叶，并更改其透明度为 22%。在第 325 帧处插入关键帧，改变其透明度为 100%。在属性面板中，旋转顺时针 2 次，调整到路径。创建补间动画。完成第 2 个场景的转换。

5. 第 2 幅画面"风景 2"（分镜头 5）

1）新建图层，双击更名为"风景 2"，如图 6-33 所示。在第 310 帧处插入已找好的图片。

图 6-32　树叶

图 6-33　风景 2

2）新建图层，双击更名为"蜻蜓"。在第 310 帧将"项目 6\项目 6 素材\蜻蜓.png"导入舞台，转换为图形元件，双击进入图形元件编辑窗口，新建图层 2，在第 1 帧导入"蜻蜓翅膀 1.png"，在第 3 帧导入"蜻蜓翅膀 2.png"，再次复制帧，做蜻蜓翅膀振动的效果。在第 323、325、331、334、341 帧处分别插入关键帧，生成补间动画，制造出蜻蜓出现戏莲蓬的景象，如图 6-34 所示。

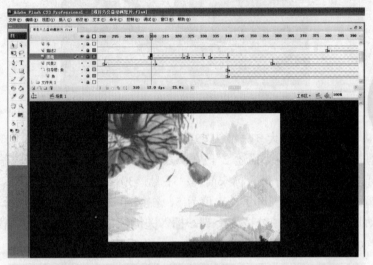

图 6-34　蜻蜓动画

3）新建图层，双击更名为"鱼"。新建图形元件"鱼"，双击进入图形元件编辑窗口，将素材中在 Photoshop 里处理好的系列鱼的图片逐一导入舞台，调整好位置。如图 6-35 所示，使鱼游动。

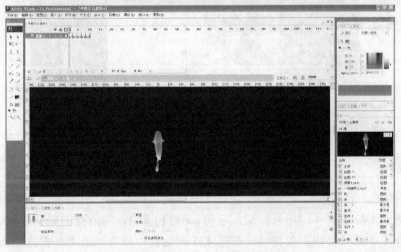

图 6-35　鱼游动画

4）在第 341 帧处插入此元件，右击添加引导层，绘制如图 6-36 所示的引导线。在第 435 帧处插入关键帧，为了使鱼顺着引导线游动，分别在第 341、435 帧处将鱼的中心对准引导线后创建补间动画，并在属性面板中调整属性为"调整到路径"。

图 6-36　引导线

6. 描述 2，"乐"字慢慢放大（分镜头 6）

1）新建图层，双击更名为"描述 2"，在第 381 帧处使用文本工具竖排输入描述的内容"鱼戏水间，乐哉"；字体：方正大标宋简体；字号：30；字色：#8C8C8C。转换为影片剪辑元件。在滤镜面板中添加模糊度 X、Y 值为 5，在第 400 帧处插入关键帧，将文字移至舞台，创建补间动画，在第 410 帧处按<F6>键，插入关键帧，点击文字，将其模糊 X、Y 值降为 0，变清晰，如图 6-37 所示。

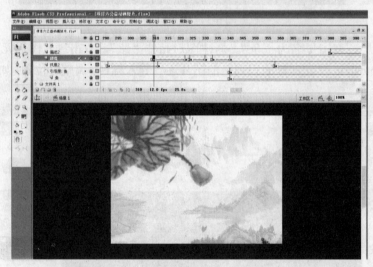

图 6-37　描述 2

2）新建图层，双击更名为"乐"。在第 410 帧处插入关键帧，使用文本工具输入"乐"字（字体：方正大标宋简体；字号：62；字色：#FFFFFF），与前面的乐字位置、大小重合。在第 425、440、456 帧处插入关键帧，在第 425 帧处将"乐"字放大并在滤镜面板中添加模糊度为 29 并移至"描述 2"的左方，在第 440 帧处将模糊度设置为 0。

3）将第 2 个情景的所有图层在第 456 帧处改变其透明度为 0%。

7. 第 3 幅画面"风景 3"（分镜头 7）

1）新建图层，双击更名为"风景 3"。用矩形工具，绘制第 3 个场景的背景，做淡米色到白色渐变，淡米色颜色值为#E5DCBF，如图 6-38 所示。

2）新建两个图层，分别双击更名为"荷花 1"、"荷花 2"。分别在第 457 帧处导入"荷花 1.png"和"荷花 2.png"图片至舞台，改变其透明度为 5%。分别转换为图形元件，在第 472 帧处，改变它们的透明度为 100%。分别创建补间动画，如图 6-39 所示。

图 6-38　风景 3　　　　　　　　　　　　　　　　图 6-39　荷花

3）新建图层，双击更名为"蜻蜓飞"，在第 480 帧时如图 6-40 所示。将后来做的"蜻蜓"图形元件从库中拖至舞台，制作蜻蜓飞舞的形态。在第 480、516 帧处插入关键帧，将此图形元件拖移至舞台外方。右击图层，添加引导层，绘制如图 6-41 所示引导线。为了使蜻蜓沿着引导线飞行，可分别在第 480、516 帧处将蜻蜓的中心对准引导线后创建补间动画，并在属性面板中调整属性为"调整到路径"。

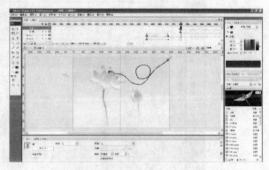

图 6-40　蜻蜓飞舞动画　　　　　　　　　　　　图 6-41　蜻蜓沿引导线飞行

4）为了使画面变得更活泼些，我们分别在第 521、534、546、557、567、574 帧处插入关键帧，制造出蜻蜓戏荷花的情景。选择荷花 1 的图层，在第 516、521、534 帧处插入关键帧，使荷花随着蜻蜓的碰触而舞动。

8. 描述 3，"美"字慢慢放大（分镜头 8）

1）新建图层，双击更名为"描述 3"。在第 539、551 帧处分别插入关键帧。使用文本工具，在舞台内竖排输入描述的内容——"蜓舞荷间，美哉"；字体：方正大标宋简体；字号：26；字色：#663300。转换为影片剪辑元件。在第 539 帧处，使用滤镜（模糊：8，8；调整色相：-115），在第 551 帧处删除滤镜。创建补间动画，如图 6-42 所示。

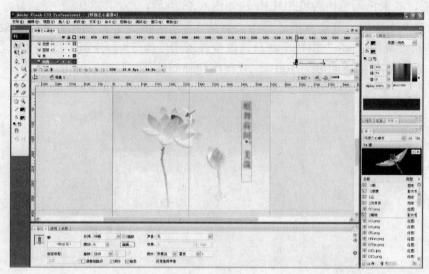

图 6-42　描述 3

2）新建图层，双击更名为"美"，如图 6-43 所示。使用文本工具在第 567 帧处输入"美"字（字体：方正大标宋简体；字号：30；字色：663300），转换为元件——影片剪辑，添加滤镜（模糊 8，8），与前面的美字位置、大小重合。在第 590、600 帧处插入关键帧，制造"美"字忽闪忽现的效果，使描述 3 模糊，创建补间动画。在第 621、629 帧制作逐帧动画，使字体不断变换色调（#000099；#FFFFFF；#336600；#000000），透明度统一设置为 48%。

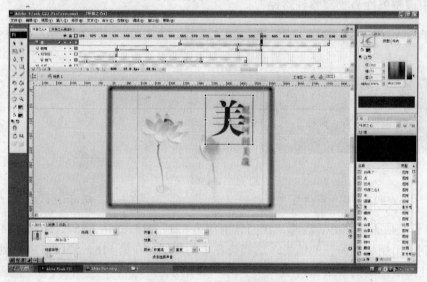

图 6-43　"美"动画效果

3）在第 635 帧处插入关键帧，将"美"字添加滤镜（模糊 51，51）。引出片尾。

9. 片尾（分镜头 9）

1）新建图层，双击更名为"片尾"。在第 635、656 帧处插入关键帧，将"项目 6 素材\墨迹.png"导入舞台，转换为图形元件，缩小至"美"字旁边并更改其透明度为 10%。在第

656帧处将图片放大至如图6-44所示大小，透明度为100%。创建补间动画。

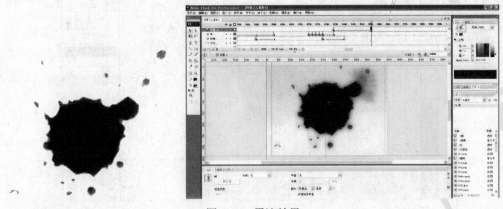

图6-44 墨迹效果

2）新建图层，双击更名为"片尾描述1"，如图6-45所示。在第656帧处使用文本工具输入"愿美景常在"（字体：方正水柱简体；字号47；字色：#660033；字间距：9），转换为图形元件。在第676帧处插入关键帧，放大描述的内容，创建补间动画。分别在第680、695帧处插入关键帧，改变字体色调（#990000），透明度为48%，创建补间动画。

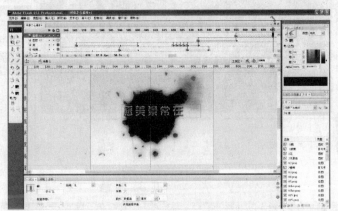

图6-45 "片尾描述1"动画效果

3）新建图层，双击更名为"片尾描述2"，如图6-46所示。在第686帧处使用文本工具输入"爱心常驻……"（字体：方正水柱简体；字号44；字色：#660033；字间距：9），转换为图形元件。在第700帧处插入关键帧，放大描述的内容，创建补间动画。在第712帧处插入关键帧，改变字体色调（#CC6699），透明度为83%，创建补间动画。

4）新建图层，双击更名为"蝶飞"，如图6-47所示。先导入"项目6素材\蝴蝶1.png"，转换为影片剪辑元件，双击进入元件编辑窗口，将素材中在Photoshop里调整好的蝴蝶飞舞动作的系列图片逐一导入舞台，制作蝴蝶飞舞的动作。

5）如图6-48所示，在第712、741帧处插入关键帧，使蝴蝶飞来，停留在"驻"字上，创建补间动画。

6）动画制作完毕，按下<Ctrl+Enter>组合键测试动画，检测效果。

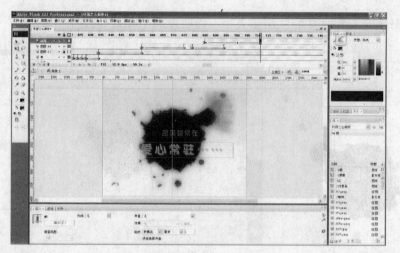

图 6-46 "片尾描述 2"动画效果

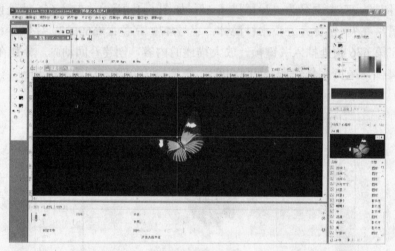

图 6-47 蝶飞动画

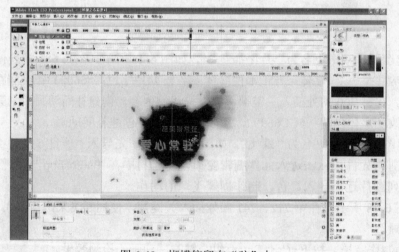

图 6-49 蝴蝶停留在"驻"上

项目总结

我们在与小言一起策划、设计与制作本项目的过程中，了解到公益短片对于社会、对于企业、对于动画人的意义所在。认识到在制作动画前，首先要构思好动画脚本，再根据脚本编排情节，绘制分镜头台本。体会镜头的推、拉、摇、移等镜头运动，并详细了解到在设计镜头时，要考虑什么样的视线范围适合这一段镜头，即景别的处理。掌握根据镜头的拍摄范围，景别分为6种常用类型：远景、全景、中景、近景、特写和大特写。

在项目5的基础上，我们在本项目中进一步理解了遮罩动画的原理，灵活掌握了遮罩动画的使用。在片头就运用了多层遮罩效果。遮罩动画技术虽然简单，但只要明白被遮住的部分是能看到的原理，灵活运用，就可营造出丰富的动画效果。

从"人泛舟江上，顺流而下"，蜻蜓、蝴蝶飞舞等动画效果中发现，我们如果需要物体按照预先设定的路径（轨迹）运动，只要是非直线运动，运用引导层动画技术的效果都较流畅、生动。注意在属性栏里应勾选"调整到路径"，效果会更真实。希望读者在模拟本项目给出的案例的同时，能够举一反三，充分发挥自己的想象力，创作出更有趣的引导层动画作品。

项目实践

1. 完成本项目的制作。
2. 根据遮罩动画原理制作地球转动小动画。
3. 根据引导层动画原理，制作水泡上升、树叶飘落等引导层动画。
4. 尝试用所学知识与技能自己设计与制作环保主题的动画小短片。

项目 7 Flash MV 设计与制作——《两只老虎》

项目介绍

"六一"儿童节快到了，小言决定做一首儿童歌曲 MV 送给小朋友们，祝小朋友们"六一"快乐！

考虑再三，小言选定了一首大家耳熟能详的童谣——《两只老虎》制作成 MV，希望大家在做的过程中也跟小言一样，能回忆起小时候坐在妈妈怀里听歌的感觉。接下来，让我们跟小言一起来掌握 MV 设计与制作的整个流程。

项目目标

1. 掌握图片翻动效果、进度条及交互按钮的制作。
2. 使画面的节奏感和音乐的节奏感相协调。
3. 学会同步播放。

项目规划

一、项目分析

因为本 MV 是一首儿歌，所以画面要活泼亮丽，形象要卡通可爱。制作动画的首要任务是创作动画形象，从题目可知，此 MV 只有两个形象——两只老虎。我们先绘制好形象，找好相关素材，然后根据风格就可以开始制作 MV 了。

二、项目设计与制作步骤

1. 搜集素材（背景音乐、图片、文字资料等）。
2. 角色设计。
3. 分镜头台本设计。
4. MV 制作。
5. MV 测试。

项目实施

一、角色设计

动画片中的角色都是人类自身的折射，他们可以是人，也可以是动物、植物、非生物等，均可成为被塑造的角色。而且不管是什么角色，其外形特点和习性如何，从本质上说，一切角色都是"人"，一切角色都是"人性化"的角色。比如《狮子王》中的狮子家族，《小鸡快跑》中养鸡场的鸡群，或是《老猪选猫》中的一勤一奸两只猫，《老鼠嫁女》中指望女儿发财的老鼠，以及大名鼎鼎的唐老鸭，最终不过是"人"的变形，从中我们可以窥见人的思想、性格、情绪，以及智慧，动画片的角色终究是披着不同外衣的各色各样的"人"的化身。这里引用迪斯尼的一句话："我想为每个卡通人物建立一个丰满的个性——使他们人性化。"讲述的就是这个道理。如图 7-1 和 7-2 所示是我们为此 MV 设计的老虎形象，都采用了拟人化手法。

图 7-1 老虎 01

图 7-2 老虎 02

二、分镜头设计

根据歌词所表达的意境来构思画面，按照一句歌词一幅画的方式绘制出草图，见表 7-1。

表 7-1 《两只老虎》MV 分镜头表

镜 号	画 面	歌 词	动 作	长度/s
分镜一		两只老虎，两只老虎	两只老虎拿着扇子跳舞	
分镜二		跑得快，跑得快	两只老虎分别往两边跑	
分镜三		一只没有耳朵	让观众看见没有耳朵的特征	

119

（续）

镜　号	画　　面	歌　词	动　　作	长度/s
分镜四		一只没有尾巴	让观众看见没有尾巴的特征	
分镜五		真奇怪，真奇怪	两只奇怪的老虎一起出现	

三、MV 制作

我们把整个制作过程分解为一个个小任务来分别完成。

【操作过程】

首先打开本书附带光盘中"项目 7\素材\源文件.fla"，为了便于制作，该文件中所需元件及图片都保存在"源文件.fla"的库面板中，如图 7-3 所示。

提示

为了便于读者编辑，该实例中所需的素材文件都存于源文件中，读者可以根据需要调用相关元件来制作该动画 MV。

图 7-3　源文件库面板

步骤 1　扇子动画制作与老虎动画制作

1. 扇子动画

1）先新建一个 Flash 文档，文档属性为默认值。

2）执行"插入→新建元件"命令，打开"创建新元件"对话框，在"名称"文本框中键入"扇子动画"，选择"影片剪辑"单选按钮，如图 7-4 所示。

3）在"库"面板中将"扇子"元件拖至元件编辑窗口中，在"属性"框中将该元件的 X 轴位置设置为 0，Y 轴位置设置为 0。在第 15 帧处按<F6>键插入关键帧，使该元件在"图层 1"中的第 1~15 帧中显示，如图 7-5 所示。

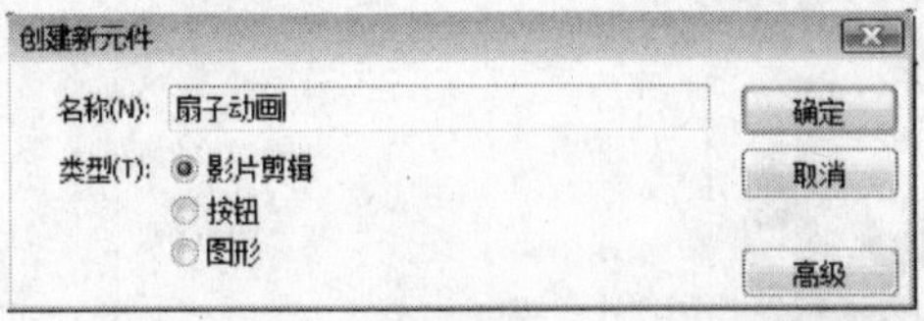

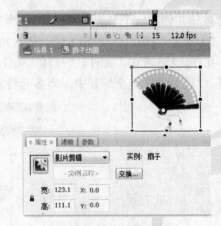

图7-5 扇子属性

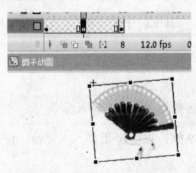

图7-4 "创建新元件"对话框

4）在该图层的第8帧处按<F6>键插入关键帧，单击工具箱中的"任意变形工具"按钮<img>，将该元件的中心点移至如图7-6所示。

图7-6 改变扇子中心点位置

5）使用同样方法，将第1帧和第15帧中的元件中心点位置进行调整。

6）单击工具箱中的"任意变形工具"按钮<img>，分别将第1帧、第8帧，第15帧中的元件进行旋转，如图7-7所示为该元件在各帧中的显示状态。

图7-7 扇子动画

7）分别在第1～8帧、第9～15帧之间创建补间动画，完成"扇子动画"影片剪辑的制作。

2．老虎动画制作

1）回到场景中，接下来设置"老虎01动画"影片剪辑。执行"插入→新建元件"命令，打开"创建新元件"对话框，在"名称"文本框中键入"老虎01动画"，选择"影片剪辑"

单选按钮，创建一个名为"老虎01动画"的影片剪辑。

2）选择"图层1"的第1帧，依次将"库"面板中"老虎01.psd资源"文件夹下的"尾巴"元件、"胳膊01"元件、"身体"元件、"脸"元件、"耳朵"元件、"眉毛"元件、"鼻子"元件、"嘴"元件拖至场景中，将各元件移至如图7-8所示的位置。

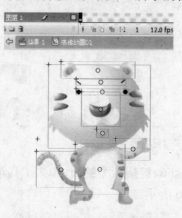

图7-8 将各元件拖至场景中

提示

在拖动各元件时，应该注意按先后顺序导入。

3）选中"图层1"的第89帧，按<F6>键插入关键帧，使该图层中的各元件在第1～89帧之间显示。

4）创建一个新图层，将该图层命名为"脚"，并将该图层移至"图层1"底部。

5）将"库"面板中的"老虎01.psd资源"文件夹下的"脚"元件拖至场景中，并移至如图7-9所示的位置。

6）创建一个新图层，将该图层命名为"脚01"。将"库"面板中的"老虎01.psd资源"文件夹下的"脚01"元件拖至场景中，并移至如图7-10所示的位置。

7）创建一个新图层，将该图层命名为"胳膊"，并将该图层移至最顶层。将"库"面板中的"老虎01.psd资源"文件夹下的"胳膊01"元件拖至场景中，并将其移至如图7-11所示的位置。

8）接下来设置"胳膊"元件的动画效果。选择"胳膊"层的第5帧、第10帧、第15帧、第20帧、第25帧、第30帧、第35帧、第40帧、第45帧，按<F6>键插入关键帧。

9）单击工具箱中的"任意变形工具"按钮，将第5帧、第15帧、第25帧、第35帧、第45帧中元件的中心点移至如图7-12所示的位置。

10）将第5帧、第15帧、第25帧、第35帧、第45帧中元件的角度进行旋转，旋转设置如图7-13所示。

11）接下来设置"脚"元件的动画效果。选择"脚"层的第44帧、第50帧、第55帧、第64帧、第71帧、第76帧、第81帧，按<F6>键插入关键帧。

12）单击工具箱中的"任意变形工具"按钮，将第44帧、第55帧、第71帧、第81

帧中元件的中心点移至如图 7-14 所示的位置。

图 7-9　老虎左脚

图 7-10　老虎右脚

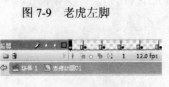

图 7-11　老虎胳膊

图 7-12　老虎胳膊动作 1

图 7-13　老虎胳膊动作 2

图 7-14　移老虎脚的中心点

13）将第 44 帧、第 55 帧、第 71 帧、第 81 帧中的元件的角度进行旋转，旋转设置如图 7-15 所示。

14）使用以上方法，设置"脚 01"元件的动画效果。如图 7-16 所示为该元件在第 44 帧、第 55 帧、第 71 帧、第 81 帧中的显示效果。

图 7-15　角度旋转

图 7-16　设置脚 01 的动画效果

15）现在本实例就全部完成，如图 7-17 所示为完成后的元件动画截图。

图 7-17　完成动画

▶ 步骤 2　片头制作

本任务制作 MV 的片头部分。

涉及知识：图片翻动、进度条及交互按钮

任务描述：本任务制作的是一张风景画，风景画翻转后，显示进度条和"播放"按钮，该动画部分在第 1 帧～80 帧之间显示，如图 7-18 所示为该片头动画中的截图。

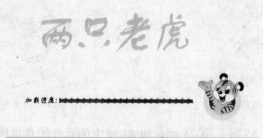

图 7-18　片头

1）首先打开本书附带光盘中"项目 7\素材\源文件.fla"，为了便于制作，该文件中所需元件及图片都保存在库面板中。

2）在时间轴面板中单击"插入图层文件"按钮 ，创建一个新文件，将该文件夹命名为"片头部分动画"。

3）在该文件夹下创建一个新图层，并将该图层命名为"背景"层。选择"背景"层的第1帧，将"库"面板中的"片头.psd资源"文件夹下的"背景"元件移至场景的中心位置，如图7-19所示。

图7-19 片头背景

4）选择该图层的第80帧，按<F5>键插入普通帧，使该图形在第1～80帧之间显示。

5）选择"背景"层的第1帧，将"库"面板中的"片头.psd资源"文件夹下的"文本"元件—— 两只老虎拖至场景中，并移至如图7-20所示的位置。

图7-20 "两只老虎"文本

6）单击工具箱中的"文本工具"按钮，在"属性"框中设置"字体"为"正方舒体"，设置"字体大小"为15，设置"文本（填充）颜色"为黑色，在如图7-21所示的位置创建"加载进度"文本。

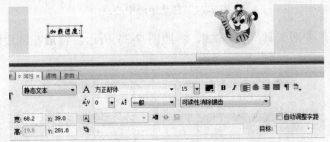

图7-21 "加载进度"文本

7）创建一个新图层，将该图层命名为"进度条"。单击工具箱中的"矩形工具"按钮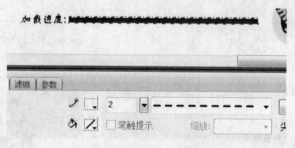，在"属性"框中将"笔触颜色"设置为白色，将"笔触高度"设置为 2，在"笔触样式"下拉列表框中选择虚线，将"填充颜色"设置为深绿色。在如图 7-22 所示的位置创建一个矩形图形。

图 7-22　创建一个矩形

8）创建一个新图层，将该图层命名为"进度条 01"。单击工具箱中的"矩形工具"按钮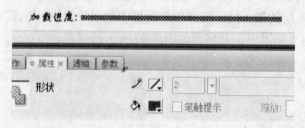，在"属性"框中将"笔触颜色"设置为没有颜色，将"笔触高度"设置为 2，将"填充颜色"设置为红色，在如图 7-23 所示的位置创建一个矩形图形。

图 7-23　创建红色矩形

9）选择"进度条 01"层的第 80 帧，按<F6>键插入关键帧，单击工具箱中的"任意变形工具"按钮，将该帧中的矩形图形中心点位置移至如图 7-24 所示的位置。

图 7-24　移动矩形中心点

10）单击"任意变形工具"按钮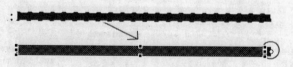，参照图 7-25 所示，将最左侧边缘的控制点移至到最右侧。

图 7-25　矩形变形

11）在该图层的第1帧~80帧之间创建补间形状，完成进度条的制作。

12）创建一个新图层，将该图层命名为"按钮"。选择该图层的第1帧，将"库"面板中的"片头.psd资源"文件夹下的"片头按钮"按钮元件拖动至场景中，并移至如图7-26所示的位置。

图7-26　播放按钮

13）选择"片头按钮"按钮元件，按<F9>键，打开"动作—按钮"面板，在其中键入如下代码：

```
on (press){
    gotoAndplay (81)
}
```

14）创建一个新图层，将该图层命名为"遮挡"。选择该图层的第1帧，将"库"面板中的"片头.psd资源"文件夹下的"遮挡"图形元件拖到场景中，并移至如图7-27所示的位置。

图7-27　遮挡图片

15）选中该图层的第80帧，按<F6>键插入关键帧，单击工具箱中的"任意变形工具"按钮🔲，将第1帧和第80帧中的图形元件的中心点位置移至如图7-28所示的位置。

图7-28　移动中心点

16）单击"任意变形工具"按钮 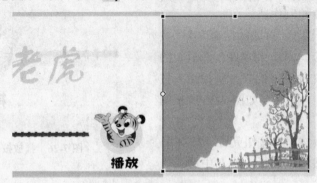，将左侧边缘的控制点移至右侧如图 7-29 所示的位置。

图 7-29　变形

17）在该图层的第 1 帧～80 帧之间创建补间动画，完成遮挡动画效果。

18）创建一个新图层，将该图层命名为"脚本"。选择该图层的第 80 帧，按<F6>键插入关键帧，然后按<F9>键，打开"动作—帧"面板，在"动作—帧"面板键入"Stop()；脚本"后，动画会在该帧停止。

19）现在本任务就全部完成，如图 7-30 所示为完成后的元件动画截图。

图 7-30　遮挡动画效果

➥ 步骤 3　制作 MV 场景

1. 制作 MV 场景 1

任务描述：为了使动画效果能配合音乐一起播放，需将素材音乐导入到场景中，可以边制作边试听音乐，通过对音乐节奏的把握，使音乐与动画能够更好地配合。

1）打开本书附带光盘中"项目 7\素材\源文件.fla"，为了便于制作，该文件中所需元件及图片都保存在库面板中。

2）选择底部"图层 1"的第 81 帧，按<F7>键插入空白关键帧，将"库"面板中的"两只老虎.mp3"音乐文件移至场景中，然后选择该图层的第 270 帧，按<F5>键插入普通帧，使该音乐文件在第81帧～270帧之间显示。

3）单击时间轴面板中的"插入图层文件"按钮 □，创建一个新文件，并将该文件夹命名为"动画部分01"。在该文件夹下创建一个新图层，并将该图层命名为"背景"层。

4）选择"背景"层的第81帧和第164帧，按<F7>键插入空白关键帧，选择第81帧，将"库"面板中的"背景.psd 资源"文件夹下的"01.jpg"图像移至场景的中心位置，如图7-31所示。

5）创建一个新图层，将该图层命名为"老虎动画01"。选择该图层的第81帧和第164帧，按<F7>键插入空白关键帧，选择第81帧，将"库"面板中的"老虎动画01"影片剪辑元件，拖至场景如图7-32所示的位置。

图7-31　将背景移至场景中

图7-32　老虎动画01

6）按<Ctl+Alt>组合键，选择该图层的第125帧和第163帧，按<F6>键插入关键帧，选择第163帧中的影片剪辑元件，将其移至如图7-33所示的位置，然后在第125帧～163帧之间创建补间动画。

7）创建一个新图层，将该图层命名为"老虎动画02"。选择该图层的第81帧和第164帧，按<F7>键插入空白关键帧，选择第81帧，将"库"面板中的"老虎动画02"影片剪辑元件拖至场景中如图7-34所示的位置上。

图7-33　老虎01走

图7-34　老虎动画02

8）执行菜单栏中的"修改→变形→水平翻转"命令，将该影片剪辑元件进行水平翻转。

9）按<Ctl+Alt>组合键，选择该图层的第 125 帧和第 163 帧，按<F6>键插入关键帧，选择第 163 帧中的影片剪辑元件，将其移至如图 7-35 所示的位置，然后在第 125～163 帧之间创建补间动画。

图 7-35　老虎 02 走

10）创建一个新图层，将该图层命名为"扇子动画 01"。选择该图层的第 81 帧和第 164 帧，按<F7>键插入空白关键帧，选择第 81 帧，将"库"面板中的"扇子.psd 资源"文件夹下的"扇子动画"影片剪辑元件，拖至场景中，并将该元件移至如图 7-36 所示的位置。

11）单击工具箱中的"任意变形工具"按钮，将"扇子动画"影片剪辑元件的角度进行调整，如图 7-37 所示。

图 7-36　扇子动画 01　　　　　　　　　　　图 7-37　调整扇子动画 01

12）按<Ctl+Alt>组合键，选择该图层的第 125 帧和第 163 帧，按<F6>键插入关键帧，选择第 163 帧中的影片剪辑元件，将其移至如图 7-38 所示的位置，然后在第 125 帧～163 帧之间创建补间动画。

13）创建一个新图层，将该图层命名为"扇子动画 02"。选择该图层的第 81 帧和第 164 帧，按<F7>键插入空白关键帧，选择第 81 帧，将"库"面板中的"扇子.psd 资源"文件夹下的"扇子动画"影片剪辑元件，拖至场景中，并将该元件移至如图 7-39 所示的位置。

图 7-38 扇字动画走 01

图 7-39 扇子动画 02

14）单击工具箱中的 "任意变形工具"按钮，将"扇子动画"影片剪辑元件的角度进行调整，按<Ctrl+Alt>组合键，选择该图层的第 125 帧和第 163 帧，按<F6>键插入关键帧，选择第 163 帧中的影片剪辑元件，将其移至如图 7-40 所示的位置，然后在第 125 帧～163 帧之间创建补间动画。

图 7-40 扇子动画 02 走

15）创建一个新图层，并将该图层命名为"遮挡"层。选择该图层的第 81 帧和第 164 帧，按<F7>键插入空白关键帧，选择第 81 帧，将"库"面板中的"背景.psd 资源"文件夹下的"遮挡"元件拖至场景中，并将该元件移至如图 7-41 所示的位置。

16）现在本任务就全部完成，如图 7-42 所示为完成后的元件动画截图。

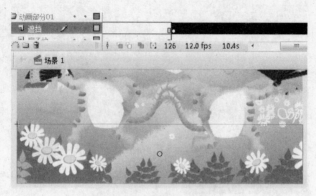

图 7-41 遮挡层

图 7-42 完成后的截图

2．制作 MV 场景 2

1）打开本书附带光盘中"项目 7\素材\源文件.fla"，为了便于制作，该文件中所需元件及图片都保存在库面板中。

2）单击时间轴面板中的"插入图层文件"按钮，创建一个新文件，并将该文件夹命名为"动画部分 02"。在该文件夹下创建一个新图层，并将该图层命名为"背景"层。

3）选择"背景"层的第 164 帧和第 225 帧，按<F7>键插入空白关键帧，选择第 164 帧，将"库"面板中的"背景.psd 资源"文件夹下的"背景 2"图形元件移至场景的中心位置，如图 7-43 所示。

4）选择该图层的第 170 帧，按<F6>键插入关键帧，选择第 164 帧中的图形元件，在"属性"框中的"颜色"下拉列表框中选择"Alpha 数量"并设置为 30%，如图 7-44 所示，然后在第 164 帧～170 帧之间创建补间动画。

5）创建一个新图层，并将该图层命名为"老虎动画 03"层。选择该图层的第 164 帧和第 191 帧，按<F7>键插入空白关键帧，选择第 164 帧，将"库"面板中的"老虎动画 03"

影片剪辑元件拖至场景中，并将其移至如图7-45所示的位置。

6）选择该图层的第170帧，按<F6>键插入关键帧，选择第164帧的影片剪辑元件，将其移至如图7-46所示的位置，然后在第164帧~170帧之间创建补间动画。

图 7-43　背景2

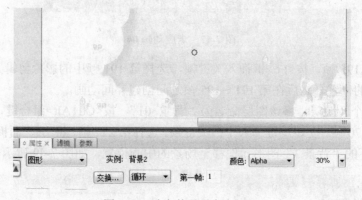

图 7-44　改变其透明度为30%

图 7-45　老虎动画03

图 7-46　老虎动画03走

7）创建一个新图层，并将该图层命名为"老虎动画 04"。选择该图层的第 191 帧和第 217 帧，按<F7>键插入空白关键帧，选择第 191 帧，将"库"面板中的"老虎动画 04"影片剪辑元件拖至场景中，并将其移至如图 7-47 所示的位置。

图 7-47　老虎动画 04

8）选择第 195 帧，按<F6>键插入关键帧，选择第 191 帧中的影片剪辑元件，将其移至如图 7-48 所示的位置，然后在第 191～195 帧之间创建补间动画。

9）创建一个新图层，将该图层命名为"背景 01"。按<Ctl+Alt>组合键，选择该图层的第 217 帧和第 270 帧，按<F7>键插入空白关键帧，选择第 217 帧，将"库"面板中的"背景.psd 资源"文件夹下的"背景 3"图形元件移至场景的中心位置，如图 7-49 所示。

图 7-48　老虎动画 04 走

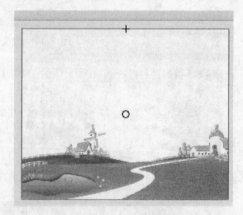

图 7-49　背景 01

10）选择该图层的第 225 帧，按<F6>键插入关键帧，选择第 217 帧中的图形元件，在"属性"框中的"颜色"下拉列表框中选择"Alpha"选项，并将"Alpha 数量"设置为 20%，如图 7-50 所示，然后在第 217 帧～225 帧之间创建补间动画。

11）创建一个新图层，将该图层命名为"老虎动画 05"。按<Ctl+Alt>组合键，选择该图层的第 217 帧和第 270 帧，按<F7>键插入空白关键帧，选择第 217 帧，将"库"面板中的"老虎动画 05"影片剪辑元件拖至场景中，并将其移至如图 7-51 所示的位置。

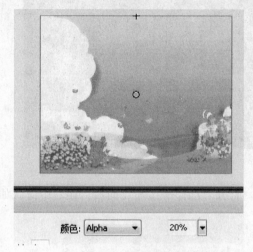

图 7-50　改变其透明度为 20%

图 7-51　老虎动画 05

12）选择该图层的第 226 帧，按<F6>键插入关键帧，选择第 217 帧中的影片剪辑元件，将其移至如图 7-52 所示的位置，然后在第 217～226 帧之间创建补间动画。

13）创建一个新图层，将该图层命名为"老虎动画 06"。用设置"老虎动画 05"影片剪辑动画的方法设置"老虎动画 06"影片剪辑的动画，时间轴控制如图 7-53 所示。

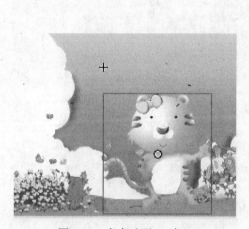

图 7-52　老虎动画 05 走

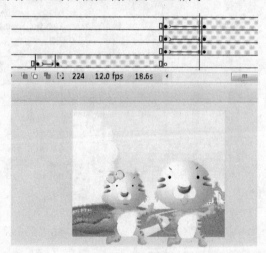

图 7-53　老虎动画 06

14）创建一个新图层，将图层命名为"老虎动画 06"。选择该图层的 270 帧，按<F6>键插入关键帧，将"库"面板中的"片尾.psd 资源"文件夹下的"背景"元件拖至场景的中心位置，如图 7-54 所示。

15）将"库"面板中的"片尾.psd 资源"文件夹下的"片尾按钮"按钮元件拖至场景中，并将其移至如图 7-55 所示的位置。

图 7-54　将片尾移至场景中　　　　　　图 7-55　将片尾按钮移至场景中

16）选择"片尾按钮"按钮元件，按<F9>键，打开"动作—按钮"面板，在其中键入如下代码：

```
on (press){
    gotoAndplay(1)
}
```

17）选择该图层的第 270 帧，按<F9>键，打开"动作—帧"面板，在其中键入 stop(); 代码。

18）现在本任务就全部完成，如图 7-56 所示为完成后的元件动画截图。

图 7-56　完成后的元件动画截图

四、按钮元件的使用

1．制作按钮

1）选择"插入→新建元件"命令，打开"创建新元件"对话框，在"名称"文本框中键入"片头按钮"，选择"按钮"类型，如图 7-57 所示。

2）在库中找到位图"图层 1"并将它转化为影片剪辑"图层 1"，并将影片剪辑"图层 1"拖动到片头按钮元件的第 1 帧中放准到中心点处且在指针经过、按下和点击处分别按<F6>键插入关键帧，如图 7-58 所示。

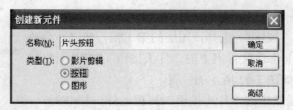

图 7-57　创建片头按钮

图 7-58　片头按钮时间轴

3）选中"指针经过"中的图片并用任意变形工具将它缩小。

4）选择"插入→新建元件"命令，打开"创建新元件"对话框，在"名称"文本框中键入"片尾按钮"，选择"按钮"类型，如图 7-59 所示。

图 7-59　创建片尾按钮

5）在库中找到位图"重播"并将它转化为影片剪辑"重播"，并将影片剪辑"重播"拖动到片尾按钮元件的第 1 帧中放准到中心点处且在指针经过、按下和点击处分别按<F6>键插入关键帧，如图 7-60 所示。

图 7-60　片尾按钮时间轴

6）选中"指针经过"帧中的图片并在属性面板中将颜色中的色调改为#FF6600，如图 7-61 所示。

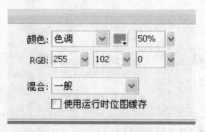

图 7-61　"指针经过"属性面板

2．按钮代码

1）接上面"任务 2　片头制作"操作步骤，创建一个新图层，将该图层命名为"按钮"。选择该图层的第 1 帧，将"库"面板中的"片头.psd 资源"文件夹下的"片头按钮"按钮元件拖至场景中，并移至如图 7-62 所示的位置。

图 7-62　开始按钮

2）用鼠标选中场景中的"片头按钮"按钮元件，按<F9>键打开"动作—按钮"面板，在其中键入如下代码：

```
on (press){
    gotoAndplay (81)
```

3）创建一个新图层，将该图层命名为"脚本"。选择该图层的第 80 帧，按<F6>键插入关键帧，然后按<F9>键，打开"动作—帧"面板，在"动作—帧"面板中键入"Stop()；脚本"后，动画会在该帧停止。

4）将"库"面板中的"片尾.psd 资源"文件夹下的"片尾按钮"按钮元件拖至场景中，并将其移至如图 7-63 所示的位置。

5）用鼠标选中"片尾按钮"按钮元件，按<F9>键，打开"动作—按钮"面板，在其中键入如下代码：

图 7-63　片尾按钮

```
on(press){
    gotoAndplay(1)
}
```

6）选择该图层的第 270 帧，按<F9>键，打开"动作—帧"面板，在其中键入 stop()；代码。

 项目总结

通过小言制作的《两只老虎》MV 动画让我们掌握了图片翻动效果、进度条及交互按钮的制作；同时小言也教会了我们如何将画面的节奏感与音乐相结合，并同步播放。

 项目实践

1．完成本项目的制作。

2．选择一首自己喜爱的歌曲做一段歌词的 Flash MV。

项目 8　Flash 故事短片——《不贪为宝》

一直以来，我国各政府机关、事业、企业单位都大力提倡廉政文化。这次，某企业要求小言以一个古代故事为原型，做一个 Flash 动画片来宣传企业廉政文化。

项目介绍

1）项目名称：《不贪为宝》

2）项目内容：Flash 动画故事短片

3）故事原本：子罕辞玉《左传·襄公十五年》

宋人或得玉献诸子罕，子罕弗受，献玉者曰：“以示玉人，玉人以为宝也，故敢献之。”子罕曰：“我以不贪为宝，尔以玉为宝，若以与我，皆丧宝也。不若人有其宝。

译文：

在春秋时期，宋国有一个人得到了一块玉石，他将它献给齐国的大夫子罕。子罕却不肯接受。献玉人对子罕说：“我曾把这块玉石拿给做玉器的工匠看过。工匠认为这是一块非常难得的宝玉，所以才敢拿来献给您，可您为什么不接受呢？”子罕说：“我为人处事以不贪为宝，你以玉为宝。如果我把玉石收下，那么我们两个都失掉了宝。我不收，这样我们各自就有各自的宝啊！”子罕最终也没有要那块宝玉。

4）技术支持：Flash CS3、 Photoshop CS3、Illustrator CS3。

项目目标

1．进一步掌握分析文字脚本，编写动画脚本，绘制分镜头。

2．掌握角色造型设计与绘制。

3．掌握人物表情的变化。

4．掌握人物侧面走路等基本运动规律。

5．能够综合运用所学动画知识与技能完成 Flash 动画故事短片。

项目规划

一、项目分析

从前面做的一些项目中我们可以发现小言做项目的经验，每次接到新动画项目时，不是马上打开计算机开始制作，而是先进行分析、策划，有了计划才开始实施，而且一定要将脚本分析透彻，绘制出较完整的分镜头，并且画好原画才开始正式上机进行动画制作。

【前期策划】

分析故事原型：

故事内容并不复杂，但怎样能够地将廉政文化的内涵用动画片的形式浅显、生动地传达给观众呢？

从故事原型中可看出以下几点。

人物关系：主人公——子罕大夫，献玉人。

主要事件：在春秋时期，宋国有一个人得到了一块宝玉，他想将它献给齐国的大夫子罕。子罕却不肯接受。

情节结构：单线推进，顺序叙事。

风　　格：古代正剧。

小言思考再三后，决定用明镜来喻意子罕"清廉之人，其光辉品格明镜可鉴"。

【编写脚本】

《不贪为宝》

文字脚本

片头：

以古代飞天图为背景，舞台右侧一面古铜镜射出光芒，光芒映照出"不贪为宝"的标题。

1. 宋国的城池门口　　　　日（白天），外（室外）

城门外一个身穿蓝色长袍的人，手里拎着一个蓝色包裹，鬼鬼祟祟地走过来。

此人走到城门口外，转过身来对着镜头说："最近我得了一块宝玉，那可不是一般的宝物……嘘，我想把宝献给子罕大人，让他提携提携我，嘿嘿！"说完一溜烟走入城池。

2. 子罕大人宅内　　　　日（白天），内（室内）

子罕大人侧面朝观众站在自家大厅内，献玉人走上前来拜见子罕。

献玉人："大人，我这儿有一块宝玉，献给您。"（一脸献媚的表情）大人，举起手中的宝玉

子罕大人背朝献玉人摆手说："NO。"

献玉人被拒后又尴尬（脸色通红）又惊讶地问道："这可是一块难得的宝玉啊，可您为什么不要呢？"

子罕大人转过身来既严肃又面带微笑地说道："我以不贪为宝，你以玉为宝。我若收下这玉石，则我们都失去了宝。我不收，我们就各自有宝了呀！"

片尾：

子罕大人来到镜前，明镜映出子罕的身影并不断闪耀光芒，意指"清廉之人，其光辉品格明镜可鉴"再一次强化主题。

一般对话较多的片子，每分钟需要的字数较多，动作性强的每分钟的字数相对少一些。

知识链接

剧本格式

剧本包括文学剧本、脚本、分镜头剧本。从一开始的文学剧本、脚本，到最后的分镜头剧本，逐渐细化。

文学剧本

文学剧本用文学表述和描绘影片的内容，剧本创作一般是从文学剧本开始的。但剧本要用电影的方式来思考，剧本是为了拍摄用的，而不是为了阅读的，剧本要能看、能听、突出画面感。要考虑到蒙太奇技巧的运用，注意时空的变换，使文字描述具有镜头感。

脚本

脚本，也叫分场景剧本。人们通常说的剧本一般指脚本，脚本是一个故事从文学剧本到分镜头剧本的过渡，是采用文字手段把内容场次化，镜头化。有的创作者不写文学剧本，而是直接写脚本。脚本是具体画面的文字表达，要具有镜头感和画面感。用文字记录画面构思，便于在创作时理解全片或部分段落的画面构思、场景安排，改起来也比分镜头方便、快捷。

脚本并没有固定的格式，不过，都要分场来写，而小说是分段落来写。所谓一场，是指同一地点、同一时间发生的事件为一个场面。在每一场中，一般都先标明场号、地点、时间（日景或夜景）及时空类别，要说明是内景还是外景。闪回、想象等也要注明，然后再叙述人物的动作和行为。

二、项目设计与制作步骤

1. 绘制分镜头台本。
2. 角色设计。
3. 动作设计。
4. 动画制作。
5. 动画测试。

项目实施

一、绘制分镜头台本

根据文字脚本绘制分镜头台本，见表 8-1。

表 8-1 《不贪为宝》分镜头表

镜　号	画　面	剧　情	长度/s
1	不贪为宝	近景：以一面铜镜作为镜头开始，当镜子开始绽放光芒时，在光芒中映照出"不贪为宝"的标题（主题）	

（续）

镜 号	画 面	剧 情	长度/s
2	**春秋时期……**	交代事件发生时间 黑屏白字，配上音效	
3		交待事件发生的地点为"宋国" 一个人手中提着一个包裹，向城池这边走来	
4		该人眼珠不断滴溜溜地转着，以神秘的语气说着话，想象"子罕拿到宝玉高兴的样子"	
5		说完，该人向城中走去	
6		他到了大夫子罕家中，献上宝玉，说："大人，我这儿有一块宝玉，献给您。"	
7		但子罕说"NO!"，挥手的动作（特写镜头）	
8		献玉人露出惊讶的神情，很尴尬，脸色转变为红紫色、冒汗，可用特写镜头突出表现	
9		献玉人说"这可是一块难得的宝玉啊，可您为什么不要呢？"	

（续）

镜 号	画 面	剧 情	长度/s
10		子罕说出了为什么不要的理由	
11		镜头映出子罕的身影并不断闪耀光芒，意指"清廉之人，其光辉品格明镜可鉴"再一次强化主题	

二、角色设计与绘制

为了符合当时的时代特点，特地翻阅资料查看了古代人的服饰。然后又研究了人物的性格特点，设计了如下形象。

1．人物形象设计

正面人物：子罕大夫，头戴高冠，服饰简洁高贵，宽袍，体现身份。美髯，说话时爱捋胡须，很注重自己的形象。如图 8-1 所示。

反面人物：献玉人，一个商人。八字胡，小眼睛滴溜溜直转。如图 8-2 所示。

图 8-1　子罕右侧面　子罕左侧面　子罕背面　　　图 8-2　献玉人正、侧、背面形象

2．绘制人物形象

只要绘制动画片中能用到的造型就可以了。

两种方法：

1）在 Flash CS3 中用绘画工具绘画。

2）在 Illustrator CS3 中用绘画工具绘画，可以将线条做书法笔触效果。所以素材中有的人物形象先从 Illustrator CS3 中画好然后复制到 Flash CS3 中。

以献玉人为例讲解绘制步骤。

1）新建一个 Flash CS3 文档，保存时命名为"献玉人"。

2）使用铅笔工具、直线工具 ╲ 和选择工具 ▶ 勾勒出献玉人的线稿，如图 8-3 所示。

3）使用颜料桶工具 ⬧ 填充颜色，肤色：#FBD9C2；头发：#000000；发箍色：#FF9335。再绘制五官，眉毛、胡子、眼睛为#000000 的黑；眼白：#FFFFFF。如图 8-4 所示。

4）使用颜料桶工具 ⬧ 填充颜色，衣服：#96DAE9；玉盒：#006AAD；领口：#FFDE79。鞋面：#669999；鞋帮：#FFFFFF。如图 8-5 所示。

图 8-3　献玉人线稿　　　　　图 8-4　头部完成　　　　　图 8-5　献玉人完成图

知识链接

【人物表情】

　　在前面项目 2、3 中简单介绍了表情的变化。人脸部有丰富的表情肌肉，可做若干种表情变化，表达人物丰富的内心世界，使动画更生动，从而引起观众的共鸣。

　　要求动画人要能懂一些表演方面的知识，而本身就有些表演天赋的人可能在做动画时会从中得到莫大的乐趣。没有模特就在自己的工作台上准备一个镜子，可观察一下自己的表情，再赋予你的角色以生命。

　　以下为部分表情参考图，如图 8-6、8-7 所示。

图 8-6　表情参考图一　　　　　　　　图 8-7　表情参考图二（摘自《原画》作者：李杰）

本动画片根据剧情的需要也设计了一些表情、动作，在具体制作时又考虑到了 Flash 绘制与动画制作的操作方便性而进行了调整。

接下来以献玉人为例做简单解析：（如图 8-8 所示）

　　　a)　　　　　　　　b)　　　　　　　　c)　　　　　　　　d)

图 8-8　片中献玉人的表情变化

a）想象了罕收到宝玉高兴的表情　b）故作神秘的表情　c）献玉时献媚的表情　d）被拒绝时很尴尬的表情

由于剧情比较简单，加上时间与人手不够的关系，因此本动画片中人物的表情并不是很丰富。读者朋友们，你们在做该动画片时是否能再添加些表情，使动画变得更生动、有趣呢？

三、动作设计

本节介绍几个在动画中出现的常用动作。

走路和跑步是最基本的动作，在动画片中的使用频率很高，因此，掌握人物常规动作是动画创作中不可忽视的基本功。

人物走路侧面

走路的基本规律是：

靠双腿配合双臂的前后摆动，交替向前跨步的过程。而且走路时为了保持重心，总是一腿支撑，另一腿才能提起跨步。因此，走路过程中头顶的高低必然呈波浪形运动。当迈出步子且双脚着地时，头顶就略低，当一只脚着地另一只脚提起朝前弯曲时，头顶就略高，如图 8-9 所示。

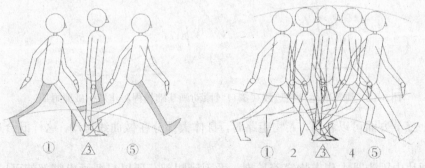

①　　　　③　　　　⑤　　　　　　　　①　　2　　③　　4　　⑤

图 8-9　人走路的原画与中间画（摘自《动画技法》作者：张翼）

走路运动时主要的几个部位分解图。

（1）手臂的运动轨迹线

主要以肩为轴做钟摆式的运动，要注意的是，手臂是有关节的，在摆动的过程中手臂做弧形曲线运动，因此，手臂的运动轨迹是弧线，而不是直线，如图 8-10 所示。

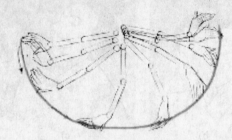

图 8-10　手臂的运动轨迹线（摘自《原动画基础教程》作者：威廉姆斯）

（2）腿部的运动轨迹线

主要以胯为轴，两腿前后做交替向前跨步运动，当一条腿向前跨步时，另一条腿要向后蹬地。同手臂的摆动一样，腿部的运动同样是弧形曲线运动，如图 8-11 所示。

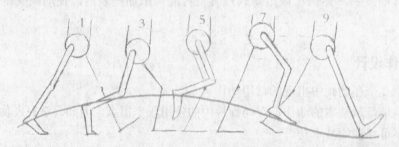

图 8-11　腿部的运动轨迹线　（摘自《原动画基础教程》作者：威廉姆斯）

（3）脚部的运动轨迹线

脚部同手臂一样都是有关节的，所以当人物运动时脚部不是僵直的，而是做一个如图 8-12 所示的追随的运动。

图 8-12　脚部的运动轨迹线（摘自《原动画基础教程》作者：威廉姆斯）

从以上三个方面可以看出，人物走路时，身体大部分在做曲线运动，这样既合理又优美、柔和。

本动画片中因为是古代人物穿着长袍，看不到腿部，所以只要画出脚部就可以了，但高低起伏变化还是要有的。而且在实际操作中小言发现，还是做逐帧动画比较连贯、自然。

从图 8-13 中我们可以看到献玉人是如何一步步走进舞台的侧面行走运动轨迹。

图 8-13　献玉人侧面行走运动轨迹

可见，虽然 Flash CS3 可以通过补间动画为我们节省不少工作时间，但为了动画更流畅、生动，有些过程还是省不了的。

四、动画制作

制作《不贪为宝》需要使用 3 个软件：Flash CS3、Photoshop CS3、Illustrator CS3。Photoshop 主要用来制作背景，Illustrator 与 Flash 一样画出来的是矢量图，而且在 Illustrator 里可以有书法笔触效果，所以人物形象可在 Illustrator 里画好直接粘贴进 Flash 中。

【操作过程】

根据分镜头台本，分步骤进行制作。

1．片头制作

1）新建一个 Flash 文档，保存为"不贪为宝.fla"。文档属性为默认值。

2）制作取景框，因为宽屏的效果较好，所以这次的取景框数值设为如图 8-14 所示。具体操作步骤参照项目 6。

3）从"项目 8 素材\音效"中分别导入片头音乐、人走路声音等，建议最好每个声音文件都新建一个图层，分别导入。（参考项目 3）

4）新建图层，双击更名为"片头背景"，从"项目 8 素材"中将"背景 1.jpg"导入到舞台，并调整大小、位置至合适。新建图层，双击更名为"明镜"，从"项目 8 素材"中将"明镜 1.png"导入到舞台，且调整大小、位置至合适，如图 8-15 所示。

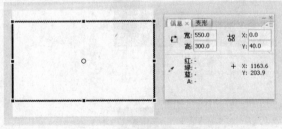

图 8-14　取景框设置

图 8-15　导入背景、明镜

5）最好新建一个图层组，将图层组命名为"片头"，把 "明镜、背景"及以后有关片头的图层都归纳进去，方便管理、修改，如图 8-16 所示。

6）再新建一个图层"光芒"，并将"光芒"图片拉入舞台上，

图 8-16　新建图层组

将片头背景和光芒转换为影片剪辑元件。然后新建一个图形元件"光线"，画出如图 8-17 所示的效果。

7）在图层"光芒"上的第 11 帧处创建关键帧，在第 1 帧处将"光芒"的颜色改为 Alpha 值是 24%。新建图层"光线"，在第 6 帧处创建关键帧并把元件"光线"拉入舞台上，在第 11 帧处插入关键帧，在第 6 帧时将光线缩小，并改变它的 Alpha 值为 21%。为了做出一闪一闪的效果，分别在第 26 帧、46 帧、66 帧处插入关键帧并改变 Alpha 值为 12%。在第 11 帧、18 帧、33 帧、53 帧、73 帧处插入关键帧改属性颜色为无，效果如图 8-18 所示。

图 8-17　制作光线

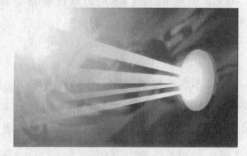

图 8-18　光线闪动

8）新建图层"标题"，在第 18 帧处创建关键帧，并输入文字"不贪为宝"。再新建图层并设置它为遮罩层，在第 18 帧处创建关键帧并画出能遮住文字的矩形，在第 47 帧处插入关键帧，在第 18 帧处时矩形在舞台外，在第 47 帧时矩形移动到文字上并完全遮住，如图 8-19 所示。

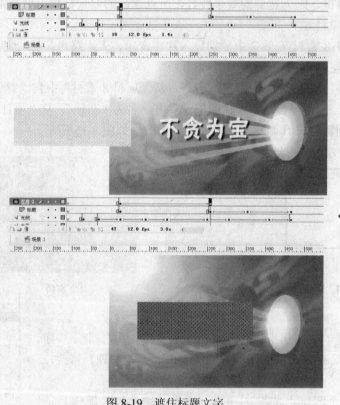

图 8-19　遮住标题文字

2．第二个场景

新建图层"背景2"，在第113帧处创建关键帧并将舞台填充成黑色，再新建图层"春秋"并在第112帧处创建关键帧，并输入文字"春秋时期……"。新建图层并设置为遮罩层，方法同上。

3．第三个场景

1）新建图层"城门"，在第173帧处创建关键帧并将城门元件拉入舞台上，将它的Alpha值改为21%，在第224帧处插入关键帧，"城门"属性的颜色为无，并将它适当放大。

2）在"背景2"图层上的第179帧处插入关键帧，画出简单的背景图，将它转换为图形元件"背景2"，在第191帧处插入关键帧，单击第179帧并将背景的Alpha值改为5%。

3）新建图层，双击更名为"献宝人1"。新建图形元件，绘制献宝人的走姿（注：要用对象绘制工具 ），在第209帧~262帧中每隔3帧制作逐帧动画，动作上面已经讲过。

4．第四个镜头

1）新建图层，双击更名为"人正面"。在第263帧处插入关键帧，并把元件"送宝人正面"拖移至舞台后适当调整大小，如图8-20所示。在第361帧处插入关键帧，在第334帧处插入空白关键帧。将声音"最近我得了一块宝玉"导入到库中，新建图层"声音1"在第263帧处将声音1拖移至舞台。

2）新建图层，双击更名为"对话框"。将对话框导入到库，在第263帧处插入关键帧，将对话框拖移至舞台并转换为图形元件。

3）新建图层，双击更名为"文字：最近我……"。在第263帧处插入关键帧，使用文本工具输入文字"最近我得了一块宝玉，这可不是一般的宝玉……"，转换为图形元件，分别在两个图层的第274帧处插入关键帧，在第263帧时改变其透明度为5%。再在第334帧、342帧、347帧处分别插入关键帧，在第342帧处改变其透明度为5%。在第347帧上使用文本工具输入文字"嘘，我想把宝献给子罕大人，让他提携提携我，嘿嘿！"并创建补间动画。

4）新建图层，双击更名为"宝玉发光"。在第263帧处插入关键帧，将已绘制好的宝玉拖至舞台，转换为图形元件，改变其透明度为5%。在第274帧处改变其透明度为100%，创建补间动画，如图8-21所示。

图8-20 送宝人正面

图8-21 宝玉发光

5）新建图层，双击更名为"人嘘与背面"。在第344帧处插入关键帧，改变人嘘时的动作与表情，如图8-22所示。在第361帧处插入空白关键帧。

6）新建图层，双击更名为"嘿笑"。新建图形元件，绘制出人物嘿嘿笑的表情，将嘴角向上提。在第 420 帧处拖移至舞台，分别在第 423 帧、426 帧、429 帧、432 帧处插入关键帧，逐帧做出笑时身体上下抖动的动作，如图 8-23 所示。

图 8-22　人嘘时的动作与表情图　　　　8-23　送宝人嘿嘿笑

7）新建图层，双击更名为"幻想子罕收到玉时的情景"。送宝人在嘿嘿笑的同时，幻想着子罕收到礼物时欢笑的情景，在第 362 帧处拖移至舞台，转换为"拿礼物"图形元件，改变透明度为 5%，在第 374 帧处改变透明度为 100%，创建补间动画，如图 8-24 所示。

图 8-24　幻想子罕收到玉时的情景

5. 第五个场景

1）新建影片剪辑元件"人背影"，绘制出送宝人的背面，制作逐帧动画（衣袍的下端摆动即可），如图 8-25 所示。

2）选择图层"人嘘与背面"，在第 436 帧处插入关键帧，将影片剪辑元件"人背影"拖移至舞台，在第 451 帧处插入关键帧，并将人物移至城门口且缩小，在第 460 帧处插入关键帧，将人物移至城门里并改变它的透明度为 0%。

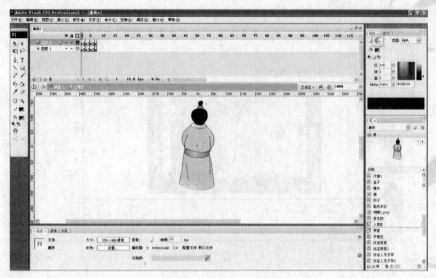

图 8-25　送宝人的背面

6．第六个镜头

1）新建图层，双击更名为"背景 3"。在第 490 帧处将图片拖移至舞台，改变透明度为 0%，在第 502 帧处插入关键帧，改变透明度为 100%，创建补间动画，如图 8-26 所示。

2）新建图层，双击更名为"子罕侧面"。 在第 490 帧处插入影片编辑元件"子罕侧面"，改变透明度为 0%，在第 502 帧处插入关键帧，改变透明度为 100%，创建补间动画。在第 598 帧处插入空白关键帧，如图 8-27 示。

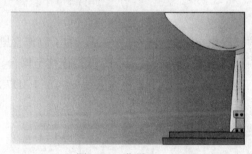

图 8-26　背景 3

图 8-27　子罕侧面

3）新建图层，双击更名为"献玉者见子罕"。在第 502、545 帧处插入献玉者侧面说话的图形元件，创建补间动画，如图 8-28 所示。在第 545 帧～591 帧处制作逐帧动画，注意献玉者说话时的形态。与此同时，插入对应的声源。

7．第七个镜头

1）新建图层，双击更名为"子罕背面"。在第 490、502 帧处插入图形元件"子罕背面"，在第 502 帧处突出特写镜头，创建补间动画，如图 8-29 所示。在第 503 帧处插入空白关键帧。

2）选择图层"对话框"，在第 596 帧处插入空白关键帧，在第 598 帧处插入关键帧，改变对话框的位置、大小及内容"NO"，如图 8-30 所示。后面不再需要此对话框，因此在第 607 帧处插入空白关键帧。

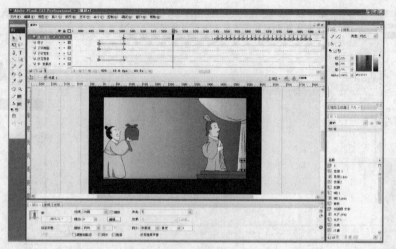

图 8-28　送宝人侧面说话

图 8-29　子罕背面

图 8-30　设置对话框内容

8. 第八个镜头

1）出乎送宝人的预料，并转换为元件，做滴汗效果，子罕居然说"NO"，为了制作喜剧效果，新建图层，双击更名为"汗滴"，绘制如图 8-31 所示的汗滴。在第 619 帧处拖移至舞台。

2）选择元件"献玉者见子罕"，制作献宝人脸色发红的动画，颜色渐变为#CE3D78～#FBEFF4，如图 8-32、图 8-33 所示。

图 8-31　汗滴

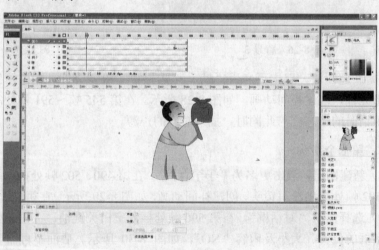

图 8-32　脸色发红

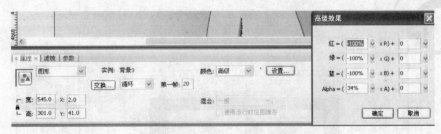

图 8-33　脸色的颜色渐变设置

9. 第九个镜头

1）选择图层"子罕侧面"，在第 617 帧处插入关键帧，将子罕侧面拖移至舞台，并水平翻转。

2）选择图层"献玉者见子罕"，在第 613 帧～691 帧处插入关键帧，制作逐帧动画（送宝人询问子罕缘由的形态）。选择图层"对话框"，在第 614 帧处改变对话框的位置、内容（"这可是块非常难得的宝玉啊，可您为什么不要呢"），再在第 691 帧处插入空白关键帧。与此同时，插入对应声源，如图 8-34 所示。

图 8-34　献玉者说话

10. 第十个镜头

1）选择图层"对话框"，在第 694 帧处插入关键帧，改变对话框的位置、内容（"我以不贪为宝，你以玉为宝"）；在第 746 帧处插入关键帧，替换对话框的内容（"若我收下了这玉石，则我们都失去了宝呀"）；在第 805 帧处插入关键帧，替换对话框的内容（"我不收，我们就各自有宝啊"），在第 861 帧处插入空白关键帧。与此同时，插入对应声源，如图 8-35 所示。

2）新建图形元件，绘制如图 8-36 所示的廉洁之心（放射状渐变：#A00101～#D20303，如图 8-37 所示），并作出一闪一闪发光的效果。

图 8-35　子罕回答

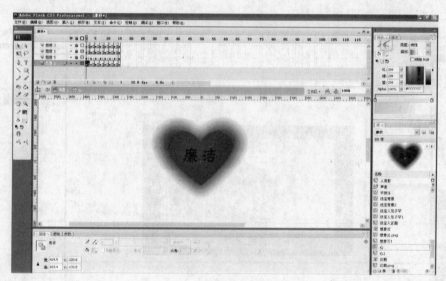

图 8-36　廉洁之心

3）新建图层，双击更名为"廉洁之心"。分别在第 742、769 帧处插入关键帧，在第 74 帧处将画好的"心"元件拖移至舞台，改变其大小，透明度为 7%。右击图层，选择添加引导层，绘制如图 8-38 所示的引导线，选中心，将其中心分别在第 742 帧和第 769 帧对准引导线，创建补间动画。

图 8-37　心的渐变

4）新建图层，双击更名为"宝玉"。绘制如图 8-39 所示的宝玉，转换为"宝玉 1"图形元件，并制作出一闪一闪发光、翅膀扇动的效果。（参照源文件）

5）分别在第 778 帧和第 790 帧处插入关键帧，在第 778 帧处将其拖移至舞台，改变其大小，透明度为 7%。右击图层，选择添加引导层，绘制如图 8-40 所示的引导线，将其中心分别在第 778 帧和第 790 帧对准引导线，创建补间动画。

图 8-38　心的引导线

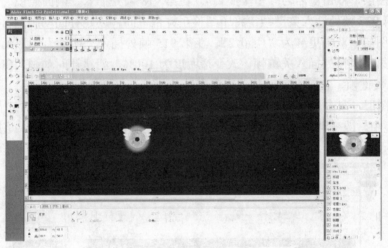

图 8-39　宝玉

图 8-40　宝玉的引导线

11．第十一个镜头

1）新建图层，双击更名为"片尾音乐"，在第 900 帧处插入音乐。

2）新建图层，双击更名为"背景 3"。在第 915 帧处插入如图 8-41 所示的背景，改变透明度为 0%，在第 937 帧处插入关键帧，改变透明度为 100%，创建补间动画。

图 8-41　背景 3

3）新建图层，双击更名为"子罕照镜"。在第 918 帧处插入"侧面照镜"元件，放置舞台外方，在第 937 帧处插入关键帧，将子罕移至舞台中间，创建补间动画。

4）新建图层，双击更名为"明镜 2"。在第 915 帧处插入"明镜"图形元件，改变透明度为 0%，在第 933 帧处插入关键帧，改变透明度为 100%，创建补间动画。在第 942 帧和第 976 帧处插入关键帧，在第 976 帧处改变其亮度为 36%，创建补间动画。

5）新建图层，双击更名为"镜中人"。在第 928 帧处将已绘制好的子罕正面"ren"图形元件拖移至镜中，改变其透明度为 0%，在第 937 帧处恢复透明度为 100%，创建补间动画，如图 8-42 所示。

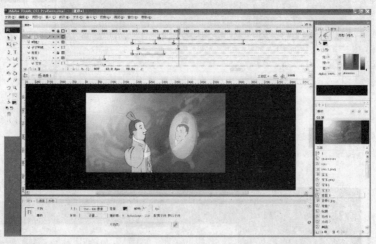

图 8-42　子罕照镜

6）新建图层，双击更名为"光芒"。在第 933 帧处将"光芒"插入明镜中，改变透明度为 0%，在第 951 帧处插入关键帧，改变透明度为 100%，创建补间动画。

7）新建图层，双击更名为"光线"。在第 957 帧处将"光线"插入明镜中后缩小光线，在第 969 帧处插入关键帧，放大如图 8-43 所示位置，创建补间动画。将如上动画复制后分别粘贴 3 次。做光线照射效果。

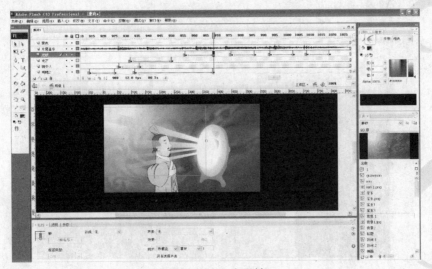

图 8-43　光线照射

12．按钮

1）在图层最上面新建一个图层并命名为"按钮"，在第 83 帧上创建关键帧，新建一个按钮元件命名为"按钮"。在弹起的时候盒子是盖着的，按下的时候是打开的，如图 8-44 所示。

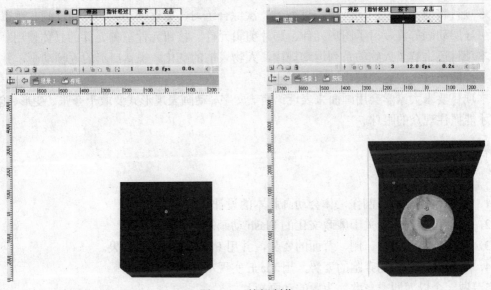

图 8-44　按钮制作

2）将按钮拖至舞台并调整大小，放在合适的位置，如图 8-45 所示。单击按钮并按<F9>键跳出动作对话框，对按钮进行代码设置。详细内容请看项目 7 的介绍。

3）在最后一帧上创建关键帧，将按钮设置为重播。

整个动画片制作完毕。按<Ctrl+Enter>组合键测试动画。

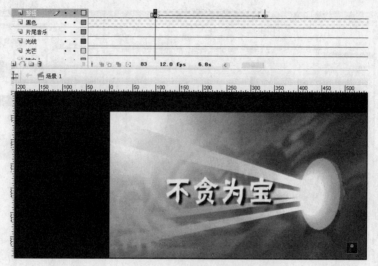

图 8-45　按钮拖至舞台

 项目总结

本项目通过制作一个《不贪为宝》的动画片，使读者熟练掌握了从剧本分析、构思形象、角色设定、绘制分镜头台本、原画创作到动画制作的动画设计与制作的整个流程。

本项目将前面所学的动画技法进行了一次综合练习，如逐帧动画、补间动画、遮罩层动画、引导层动画等。复习了图形元件、影片剪辑元件、按钮元件三种元件的具体使用。

本项目还讲解了人物的系列运动规律，人物表情的变化、说话口形的逐帧动画，并详细讲解了人侧面行走的运动规律。

本项目要求大家学会用画面来表现语言、文字。动画表现形式要敢于夸张、变形、创新，这样才能抓住观众的眼球。

 项目实践

1. 模拟本项目动画制作，体会动画脚本的设计。
2. 设计与制作一个关于廉政文化的 Flash 动画短片。
3. 写生人物走路正、侧、背面的姿势，并用 Flash 实现动画效果。
4. 观察并画出人物奔跑的姿势，用 Flash 实现动画效果。
5. 做一个以《四季之歌》为题的动画短片。

项目 9 轻松控制影片播放

项目介绍

播放器作为多媒体技术的应用载体，越来越受到广大动画爱好者的青睐，本项目主要通过 3 个任务来分别介绍各种类型播放器的制作步骤。

项目目标

1．学会设计播放器面板。
2．学会设计面板按钮功能。
3．深入理解功能按钮代码。

项目实施

任务 1 音频播放器的制作

一、任务分析

本任务是实现一个 MP3 播放器，具体效果是可以载入 MP3 音乐，显示出当前正在播放音乐的名称，音乐已经播放的时间等，同时可以实现音乐的切换，并能够控制音量及 MP3 的播放进度，最终任务实现效果如图 9-17 所示。

图 9-1　播放器效果图

二、任务设计与制作步骤

1）新建一个文档尺寸为 290 像素×145 像素的文档，打开附书光盘"项目 9\播放器.fla"文件，在工具箱中选择"文本工具"，在"属性"面板中设置文本类型为"动态文本"，再在主场景中创建 4 个动态文本框，如图 9-2 所示。

图 9-2　创建动态文本框

这个实例的界面和影片剪辑元件已经提供，这里需要制作的是整个动画的主要程序及播放器的各种功能。

2）为动态文本框命名。选中动态文本框，从左到右，从上到下，4个文本框的变量名依次为 music_name、yibofang、zongchangdu、huanchong，分别用于显示音乐的名称、已播放的长度、音乐总长度、缓冲进度（音乐载入进度），如图9-3所示。

3）为动画添加动作。选中"代码层"图层的第1帧，在"动作"面板中为该帧添加代码，如图9-4所示。

图9-3　为动态文本框命名

图9-4　添加代码

```
temp = 1;
//音乐序号
function aa() {
    mysound = new Sound();
    //创建声音类的对象
    mymusic_array = new Array("1.mp3", "2.mp3", "3.mp3", "4.MP3", "5.mp3");
    //声音 mp3 文件的地址
    mysound.loadSound(mymusic_array[temp-1],false);
    //以时间声音的方式加载数组声音
```

该代码用变量设置动画播放的音乐路径。如果要改变歌曲，直接修改" "中的歌曲路径即可。

4）继续为"代码层"图层的第1帧添加动作，如图9-5所示。

```
mysound.onLoad = function(success) {
        if (success == true) {
            mysound.start();
```

```
                    //如果声音加载成功就开始播放
            } else {
            }
    };
    mysound.onSoundComplete = function() {
            temp++;
            //声音播放完成后 声音序号加1
            if (temp>5) {
                    //如果序号加1后大于5  序号就变为1  重新开始播放第一首歌曲
                    temp = 1;
            }
            aa();
            //重新执行 aa()函数
    };
```

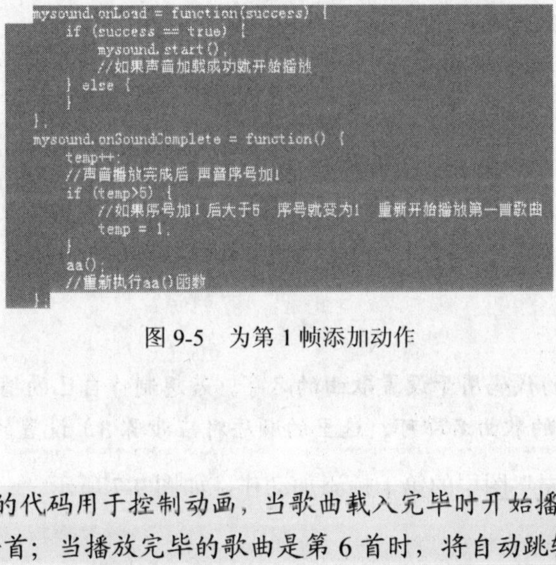

图 9-5 为第 1 帧添加动作

提示

　　步骤4）中添加的代码用于控制动画, 当歌曲载入完毕时开始播放, 一首歌播放完毕之后自动跳转到下一首; 当播放完毕的歌曲是第 6 首时, 将自动跳转回第 1 首歌播放。

　　5）继续为"代码层"图层的第 1 帧添加动作, 如图 9-6 所示。

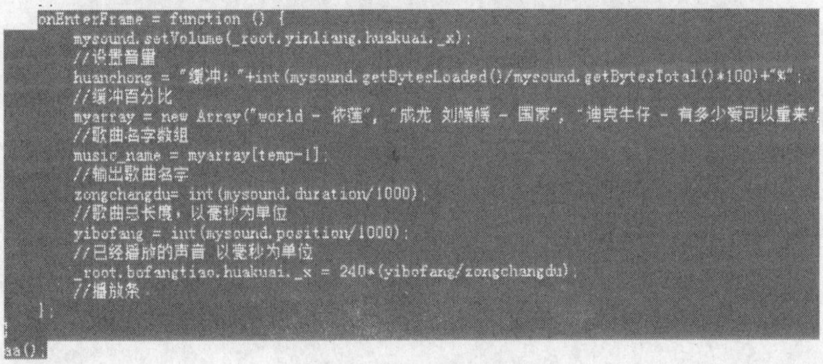

图 9-6 继续添加动作

```
onEnterFrame = function () {
        mysound.setVolume(_root.yinliang.huakuai._x);
        //设置音量
        huanchong = "缓冲："+int(mysound.getBytesLoaded()/mysound. getBytesTotal()*100)+
"%";
        //缓冲百分比
        myarray = new Array("world - 依莲", "成龙 刘媛媛-国家", "迪克牛仔-有多少爱
可以重来", "回家印象丽江主题曲","迈克尔·杰克逊-You Are Not Alone");
        //歌曲名字数组
        music_name = myarray[temp-1];
        //输出歌曲名字
        zongchangdu= int(mysound.duration/1000);
        //歌曲总长度，以毫秒为单位
        yibofang = int(mysound.position/1000);
        //已经播放的声音 以毫秒为单位
        _root.bofangtiao.huakuai._x = 240*(yibofang/zongchangdu);
        //播放条
    };
}
aa();
```

提示

步骤5）中添加的代码用于设置歌曲的名字，若想制作自己的播放序列，只需将相应的歌曲名替换成自己的歌曲名即可。这里的顺序对应步骤3）设置的歌曲顺序。

6）继续为"代码层"图层的第1帧添加动作，如图9-7所示。

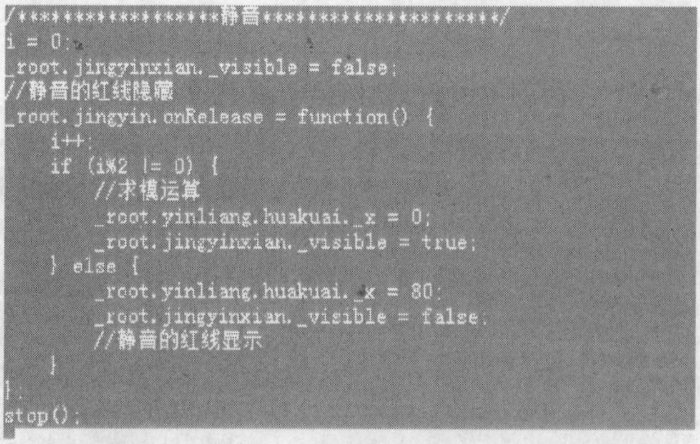

```
/*****************静音*********************/
i = 0;
_root.jingyinxian._visible = false;
//静音的红线隐藏
_root.jingyin.onRelease = function() {
    i++;
    if (i%2 != 0) {
        //求模运算
        _root.yinliang.huakuai._x = 0;
        _root.jingyinxian._visible = true;
    } else {
        _root.yinliang.huakuai._x = 80;
        _root.jingyinxian._visible = false;
        //静音的红线显示
    }
}
stop();
```

图9-7 继续添加动作

/*******************静音*********************/

```
i = 0;
_root.jingyinxian._visible = false;
//静音的红线隐藏
_root.jingyin.onRelease = function() {
    i++;
    if (i%2 ! = 0) {
        //求模运算
        _root.yinliang.huakuai._x = 0;
        _root.jingyinxian._visible = true;
    } else {
        _root.yinliang.huakuai._x = 80;
        _root.jingyinxian._visible = false;
        //静音的红线显示
    }
};
stop();
```

提示

步骤6）添加的代码用于设置步骤2）添加的动态文本框内分别应该显示的内容。

7）下面给按钮添加动作，使按钮可以控制音乐的播放。选中动画的播放按钮，在"动作"面板中为其添加代码，如图9-8所示。

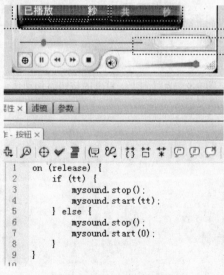

图9-8　给按钮添加动作

```
on (release) {
```

```
    if (tt) {
        mysound.stop();
        mysound.start(tt);
    } else {
        mysound.stop();
        mysound.start(0);
    }
}
```

提示

步骤7）中添加的代码用于设置当单击该按钮时，音乐开始播放。

8）为跳到上一首歌的按钮添加动作。选中该按钮，在"动作"面板中添加代码，如图9-9所示。

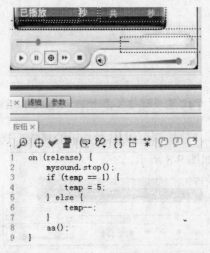

图 9-9　为跳到上一首歌的按钮添加动作

```
on (release) {
    mysound.stop();
    if (temp == 1) {
        temp = 5;
    } else {
        temp--;
    }
    aa();
}
```

9）为跳到下一首歌的按钮添加动作。选中该按钮，在"动作"面板中添加代码，如图9-10所示。

10）为控制音量的按钮添加动作。音量控制的小组件是一个影片剪辑元件，双击直接进入影片剪辑元件的编辑状态，选中调整音量的按钮，在"动作"面板中添加代码，如图9-11所示。

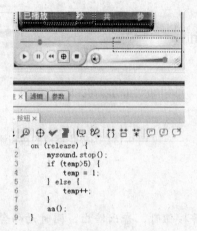

图9-10　为跳到下一首歌的按钮添加动作

图9-11　为控制音量的按钮添加动作

```
on (press) {
    startDrag("", true, 0, -7, 70, -7);
}
on (releaseOutside, rollOut) {
    stopDrag();
}
```

提示

步骤10）的代码用于实现的效果是，当鼠标在按钮上按下时，可以在指定范围内拖动按钮，从而调整音量的大小；当松开按钮时，停止拖曳。

11）为暂停播放的按钮添加动作。选中该按钮，在"动作"面板中添加代码，如图9-12所示。

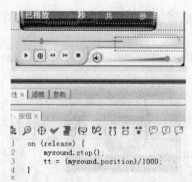

图9-12　为暂停播放的按钮添加动作

```
on (release) {
    mysound.stop();
    tt = (mysound.position)/1000;
}
```

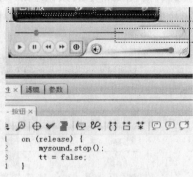

12）为停止播放的按钮添加动作。选中该按钮，在"动作"面板中添加代码，如图 9-13 所示。

```
on (release) {
    mysound.stop();
    tt = false;
}
```

图 9-13　为停止播放的按钮添加动作

提示

　　暂停按钮与停止按钮的区别在于，单击暂停按钮时，音乐停止，同时动画会记录当前音乐播放的位置，当再次开始播放音乐时，继续从当前位置开始播放；而当前停止按钮后声音停止，音乐回到起始位置。

13）至此，该动画基本制作完毕。若想改变播放器的颜色风格，可以直接编辑播放器的各部分元件。最终看到的动画效果如图 9-14 所示。

图 9-14　播放器完整效果图

任务 2　视频播放器的制作

一、任务分析

　　本任务是实现一个视频播放器，该播放器可以控制视频的缩放和视频的播放进度，最终任务的实现效果如图 9-15 所示。

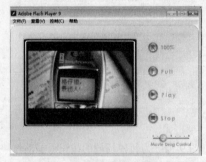

图 9-15　视频播放器完整效果图

二、任务设计与制作步骤

1）打开附书光盘"项目9\视频播放器.fla"文件，创建一个名为movie的影片剪辑元件，在元件编辑的状态下，执行"文件→导入→导入到舞台"命令，在弹出的对话框中选择视频播放器.fla文件，如图9-16所示。

图9-16　创建影片剪辑元件

2）单击"打开"按钮后将会弹出如图9-17所示的"导入视频"对话框。选择"先编辑视频"要导入的视频文件的路径，或使用浏览按钮选择文件，再单击"下一步"按钮；进入视频编辑状态，在该状态下可以逐帧编辑视频，并设置视频的各项参数，包括视频质量、关键帧间距、尺寸、声音等。设置完毕后，单击"下一步"按钮。

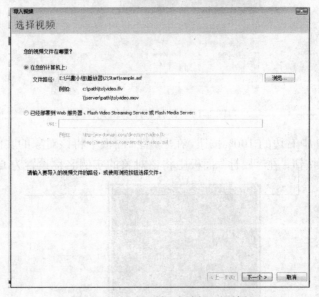

图9-17　打开"导入视频"对话框

3）设置完毕后，单击"结束"按钮，此时将会开始视频的导入。根据计算机的速度以及导入的视频素材大小、类型的不同，导入视频需要的时间不同。导入完成后，Flash会提示用户影片长度超过最后一帧，单击"是"按钮，自动添加帧。此时影片已经被导入到舞台中，选中影片，在"属性"面板中改变其坐标 X=0，Y=0，如图 9-18 所示。

图 9-18　设置结束按钮

4）回到场景中，选中 movie 图层，按<Ctrl＋L>组合键，打开"库"面板，将 movie 影片剪辑元件拖曳到舞台中，放到适当的位置。选中这个包含影像资料的影片剪辑元件的实例，并在"属性"面板中将实例名称设置为 CM，如图 9-19 所示。

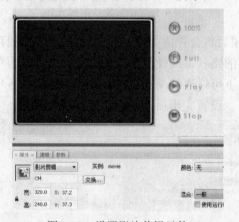

图 9-19　设置影片剪辑元件

5）选中图 9-19 中右边的 100%按钮，在"属性"面板中将该对象的实例名称设置为 orgin。再选中右边的 Full 按钮，在"属性"面板中将该对象的实例名称设置为 full。如图 9-20 所示。

图 9-20　设置右边按钮

播放影片时，单击右边的 100%按钮，影片恢复到默认的大小和位置；单节右边的
Full 按钮，影片变为预先设置的大小和位置。

6）选中图 9-19 中右边的 Play 按钮，在"属性"面板中将该对象的实例名称设置为 pl。
再选中右边的 Stop 按钮，在"属性"面板中将该对象的实例名称设置为 st。如图 9-21 所示。

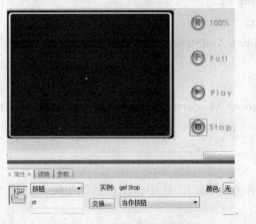

图 9-21　继续设置右边按钮

7）本任务中使用的进度条为 Flash 的公用库中提供的影片剪辑素材。执行"窗口→公用
库→按钮"命令，打开公用库，选中素材并拖曳到舞台上。进入影片编辑状态，选中作为滑
杆的实例，在"动作"面板中为它添加代码，如图 9-22 所示。

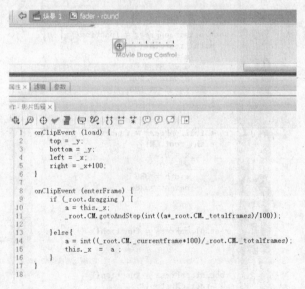

图 9-22　添加代码

```
onClipEvent (load) {
    top = _y;
```

```
        bottom = _y;
        left = _x;
        right = _x+100;
    }


onClipEvent (enterFrame) {
    if (_root.dragging ) {
        a = this._x;
        _root.CM.gotoAndStop(int((a*_root.CM._totalframes)/100));

    }else{
        a = int((_root.CM._currentframe*100)/_root.CM._totalframes);
        this._x   =   a ;
    }
}
```

8）回到场景中，创建 as 图层，选中该图层的第 1 帧，打开"动作"面板，为该图层添加代码，如图 9-23 所示。

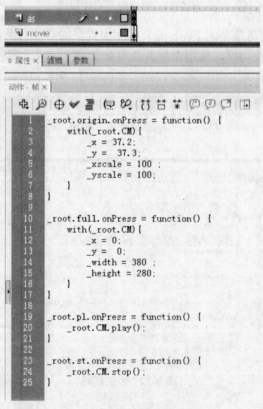

图 9-23 为该图层添加代码

```
_root.origin.onPress = function() {
    with(_root.CM){
        _x = 37.2;
        _y =   37.3;
        _xscale = 100 ;
        _yscale = 100;
    }
}

_root. full. onPress = function() {
    with(_root. CM){
        _x = 0;
        _y =   0;
        _width = 380 ;
        _height = 280;
    }
}

_root. pl. onPress = function() {
    _root. CM. play();
}

_root. st. onPress = function() {
    _root. CM. stop();
}
```

提示

　　步骤8）中的代码的作用是为了让滑杆的圆形随着影片播放而滑动，即由影片控制其 X 轴坐标。当拖曳进度条的值为真时，执行第一个判断语句内的代码，对影片剪辑内的按钮动作作出响应，当鼠标拖动按钮时 dragging=1，停止拖动并释放时 dragging=0。后面的代码的作用是根据当前滑杆控制按钮所在位置计算出移动和滑杆长度之间的比例，并结合视频文件的总帧数，获得当前播放视频文件的当前位置。最后一段代码的作用是当不拖动该滑杆时，用相反的方法获得滑杆中控制按钮所在的位置。

　　9）按<Ctrl+Enter>组合键发布影片，观赏影片的效果。单击 100%按钮，影片恢复 100% 的播放；单击 Full 按钮，影片按照设置好的大小（280×380）缩放；单击 Play 按钮，影片继续播放。拖动滑杆可控制影片播放的进度，如图 9-24 所示。

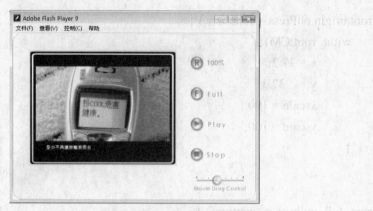

图 9-24　视频播放器完成效果图

任务 3　视频控制

一、任务分析

本任务实现的是控制视频文件播发的动画，包括开始、暂停、逐帧播放、滑动条等功能。视频完整效果图如图 9-25 所示。

二、任务分析步骤

1）在 Flash CS3 中新建一个 Flash 文件，在"时间轴"面板中将"图层 1"图层重命名为"面板"图层，选择工具箱中的"矩形工具"，绘制一个矩形作为背景，然后使用"线条工具"，绘制矩形框，上和左的两条边为黑色，右和下的两条边为蓝色，如图 9-26 所示。

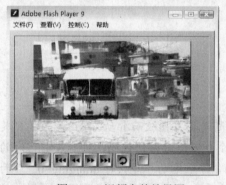

图 9-25　视频完整效果图

图 9-26　背景

2）新建图层并将其命名为"视频"，执行"文件→导入→导入视频"命令，导入视频文件（读者可自行选择 avi 格式的视频文件素材），如图 9-27 所示。

3）创建新的按钮元件，命名为 dragButton（拖动按钮）。进入该元件的编辑状态，使用"矩形工具"绘制矩形框。依次制作按钮 stopButton（停止）、playhilite（播放中）、rewind（第 1 帧）、stepBack（前 1 帧）、stepForward（后 1 帧）、go To End（最后 1 帧）、loophilite（循环播放）和 faderBackground（进度条），如图 9-28 所示。

图 9-27 命名该图层

图 9-28 创建新的按钮元件

　　读者可自行设置按钮的外观和不同的鼠标状态。

　　4）按<Ctrl+F8>组合键，创建新的影片剪辑元件，命名为"控制条"。进入该元件的编辑状态。在舞台中绘制一个灰色的矩形框，实现阴影效果，将元件 stopButton（停止）、playhilite（播放中）、rewind（第 1 帧）、stepBack（前 1 帧）、stepForward（后 1 帧）、go To End（最后 1 帧）、loophilite（循环播放）和 faderBackground（进度条）拖到舞台中如图 9-29 所示。

图 9-29 制作控制条

　　5）在舞台中，使用"矩形工具"绘制一个矩形，再用比元件 bg 的颜色浅一些的颜色填充，然后按<F8>键将其转化为影片剪辑元件，命名为"进度条"，将实例命名为 faderBackground，最后将该元件"拖动按钮"拖到舞台中，将实例命名为 knob，如图 9-30 所示。

　　6）在按钮 play 上绘制一个绿色的三角，并按<F8>键将其转化为影片剪辑元件，命名为"播放中"，将实例命名为 playhilite。在按钮 loop 上绘制一个旋转的图形并按<F8>键将其转化为影片剪辑元件，命名为"循环中"，将实例命名为 loophilite。这时的舞台如图 9-31 所示。

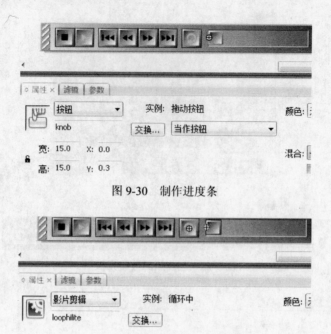

图 9-30　制作进度条

图 9-31　制作循环中的元件

7）为"控制条"影片剪辑元件中的"图层 1"图层的第 1 帧添加如下动作代码，如图 9-32 所示。

图 9-32　给"控制条"添加动作

```
looping = false;
playing = false;
top = knob._y;
bottom = knob._y;
left = knob._x;
```

```
faderWidth = faderbackground. _width-knob. _width;
segmentWidth = faderWidth/_parent. _totalframes;
right = knob. _x+faderWidth-segmentWidth+1;
faderbackground. _width -= (segmentWidth-1);
with (faderBackground) {
    _width = Math. abs(_x)+faderbackground. _width+((_height-faderbackground. _height)/2);
    shadow._ width = _width;
}
_parent. onEnterFrame = function() {
    if (_parent. _currentframe == _parent. _totalframes && ! looping) {
        playing = false;
        _parent. stop();
    }
    if (dragging) {
        playing = false;
        _parent. gotoAndStop(Math. ceil(knob. _x/segmentWidth));
    } else {
        knob._x = (_parent._currentframe*segmentWidth)-segmentWidth;
    }
    //
    playhilite. _visible = playing;
    loophilite. _visible = looping;
    //
};
//
// playback controls
loop. onRelease = function() {
    loophilite. _alpha = 100;
};
loop. onPress = function() {
    looping = ! looping;
    loophilite. _alpha = 0;
};
playButton. onPress = function() {
    playhilite. _alpha = 0;
};
playButton. onRelease = function() {
    playhilite. _alpha = 100;
```

```
            playing = true;
            _parent. play();
    };
    playButton. onDragOut = function() {
            playhilite. _alpha = 100;
    };
    playButton. onDragOver = function() {
            playhilite. _alpha = 0;
    };
    stopButton. onRelease = function() {
            playing = false;
            _parent. stop();
    };
    rewind. onRelease = function() {
            playing = false;
            _parent. gotoAndStop(1);
    };
    stepBack. onRelease = function() {
            playing = false;
            _parent. prevFrame();
    };
    stepForward. onRelease = function() {
            playing = false;
            _parent. nextFrame();
    };
    goToEnd. onRelease = function() {
            playing = false;
    _parent. gotoAndStop(_parent. _totalframes);
    };
    knob. onPress = function() {
    _parent. stop();
            startDrag(knob, false, left, top, right, bottom);
            dragging = true;
    };
    knob. onRelease = function() {
            stopDrag();
            dragging = false;
    };
```

这段代码首先定义变量的初始值，然后设置实例 backing 中 shadow 的宽度。当满足条件时，动画停止播放。最后根据不同的按钮选择函数，以实现不同的效果。

8）给按钮"移动条"添加代码，如图 9-33 所示。

图 9-33 给按钮"移动条"添加代码

```
on (press) {
    startDrag("");
}
on (release) {
    stopDrag();
}
```

这段代码的作用是单击按钮后，拖动影片剪辑。

9）回到主场景，新建图层，命名为"控制条"，将元件"控制条"拖动至舞台中，将其实例名称命名为 backing，如图 9-34 所示。

图 9-34 将元件"控制条"拖动至舞台中

10）按下<Ctrl+Enter>组合键测试动画，就可以看到动画的效果了，如图 9-35 所示。

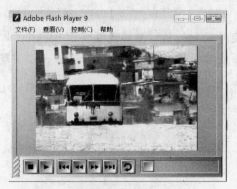

图 9-35　视频控制条完成效果图

 项目总结

　　通过三种不同类型的播放器的制作，我们了解了播放器的工作原理和实现方法。在播放器制作中涉及一了些脚本，首先要弄清楚代码的含义和用法，尽量使代码集中，或者尽可能将代码写在帧上；其次注意总结归纳三种播放器代码中的相似之处和不同之处，注重代码设计内涵；最后要做到融会贯通，真正掌握各种类型的语法脚本。

 项目实践

　　参照任务 3 设计一个有自我创新的播放器。

项目 10　网站设计与制作

　　经过一段时间的 Flash 学习之后,很多朋友开始对那些全 Flash 网站的制作发生兴趣。全 Flash 网站基本以图形和动画为主,所以比较适合做一些文字内容不太多,以平面、动画效果为主的网站。如:企业品牌推广、特定网上广告、网络游戏、个性网站等。

项目介绍

　　制作全 Flash 网站和制作 html 网站类似,事先应先在纸上画出结构关系图,包括:网站的主题、要用什么样的元素、哪些元素需要重复使用、元素之间的联系、元素如何运动、用什么风格的音乐、整个网站可以分成几个逻辑块、各个逻辑块间的联系如何、以及你是否打算用 Flash 建构全站或是只用其做网站的前期部分等,都应在考虑范围之内。

　　实现全 Flash 网站效果多种多样,但基本原理是相同的:将主场景作为一个"舞台",这个舞台提供标准的长宽比例和整个的版面结构,"演员"就是网站子栏目的具体内容,根据子栏目的内容结构可能会再派生出更多的子栏目。主场景作为"舞台"基础,基本保持自身的内容不变,其他"演员"身份的子类、次子类内容根据需要被导入到主场景内。

　　从技术方面讲,如果你已经掌握了不少单个 Flash 作品的制作方法,再多了解一些 swf 文件之间的调用方法,制作全 Flash 网站并不会太复杂。

项目规划

一、项目分析

了解全 Flash 网站和单个 Flash 作品制作的区别

1. 全 Flash 网站和单个 Flash 作品制作的区别

（1）文件结构不同

　　单个 Flash 作品的场景、动画过程及内容都在一个文件内,而全 Flash 网站的文件由若干个文件构成,并且可以随发展的需要继续扩展。全 Flash 网站的文件动画分别在各自的对应文件内。通过 Action 的导入和跳转控制实现动画效果,由于同时可以加载多个 swf 文件,因此它们将重叠在一起显示在屏幕上。

（2）制作思路不同

　　单个 Flash 作品的制作一般都在一个独立的文件内,计划好动画效果随时间线的变化或场景的交替变化即可。全 Flash 网站制作则更需要整体的把握，通过不同文件的切换和控制来实现全 Flash 网站的动态效果，要求制作者有明确的思路和良好的制作习惯。

（3）文件播放流程不同

单个 Flash 作品通常需要将所有的文件做在一个文件内，再观看效果。它必须等待文件基本下载完毕才开始播放。但全 Flash 网站是通过若干个文件结合在一起，在时间流上更符合 Flash 软件产品的特性。文件可以做得比较小，通过陆续载入其他文件更适合 Internet 的传播，这样同时避免了访问者因等待时间过长而放弃浏览。

二、项目构思

1．构思网站结构，合理规划。
2．界面设计。
3．进行场景规划。
4．素材收集。
5．元素制作。
6．网站整合。

从以上项目完成的流程来看，这次的动画将更完整、生动。

项目实施

一、常用技术

1．重要的 ActionScript 代码控制

这是全 Flash 网站实现的关键，尤其是 Flash MX 新增了很多功能强大的命令，关于这部分，大家可以参看其他的相关资料，这里只介绍部分制作全 Flash 网站需要使用的比较重要的 ActionScript 函数。

loadMovieNum("url",level[, variables])

loadMovie("url",level/target[, variables])

功能说明：	
	在播放原来加载的影片的同时将 swf 或 JPEG 文件加载进来
参数说明：	
url	要加载的 swf 或 JPEG 文件的绝对或相对 URL，不能包含文件夹或磁盘驱动器说明
level	把 swf 文件以层的形式载入到 Movie 里，若载入 0 层，则载入的 swf 文件将取代当前播放的 Movie，2 层高于 1 层
Target	可用路径拾取器取得并替换目标 MC，载入的电影将拥有目标 MC 的位置、大小和旋转角度等属性。（个人认为用 Target 好些，在控制载入.swf 位置时比较方便）
variables	可选参数，指定发送变量所使用的 HTTP 方法（GET/POST），如果没有则省略此参数

层次 Level：Flash 允许同时运行多个 swf 文件，Flash 一旦载入一个 swf 文件，则占据了

一个"层次"，系统默认的是_Flash0 或_Level0，之后的 Movie 则按顺序放在 level0～level16000 里。第一个载入的 swf 文件为_Flash0 或_Level0，第二个如果加载到第一层时则称为_Flash1 或_Level1，依此类推。注意前提是前面载入的文件没有退出，否则冲掉第一个 swf 文件，第一个文件也从内存中退出。

注意

如果你将外部的_Flash0 加载到 Leve0 层或者 Level0 里，那么，原始的 Movie 就会被暂时取代，要再用时还得重新 Load 一次，也就是说，一个 Level 在一个时间里只能有一个 Movie 存在。在使用 LoadMovie 和 UnLoadMovie 时必须特别注意 Level 之间的关系，否则，当你希望在一个时间里只播放一个 Movie 而 Unload 掉前一个 Movie 时，就会出现不必要的麻烦。

unloadMovieNum(level)
unloadMovie[Num](level/"target")

功能说明：	从 Flash Player 中删除已加载的影片
参数说明：	同上

loadVariables ("url" , level/"target" [, variables])

功能说明：	从外部文件中（例如文本文件，或由 CGI 脚本、Active Server Page （ASP）、PHP 或 Perl 脚本生成的文本）读取数据，并设置 Flash Player 级别或目标影片剪辑中变量的值
参数说明：	
url	变量所处位置的绝对或相对 URL
level	指定 Flash Player 中接收这些变量的级别的整数
Target	指向接收所加载变量的影片剪辑的目标路径
variables	可选参数，指定发送变量所使用的 HTTP 方法（GET/POST），如果没有则省略此参数

gotoAndPlay(scene, frame)

功能说明：	转到指定场景中指定的帧并从该帧开始播放。如果未指定场景，则播放头将转到当前场景中的指定帧
参数说明：	
scene	转到的场景的名称
frame	转到的帧的编号或标签

2．Loading 的制作

考虑到网络传输的速度，如果 index.swf 文件比较大，则在它被完全导入前设计一个 Loading 引导浏览者耐心等待是非常有必要的。同时设计一个好的 loading，在某些时候还可以为网站起一定的铺垫作用。

一般的做法是先将 loading 做成一个 MC，在场景的最后位置设置标签如 end，通过 ifFrameLoaded 来判断是否已经下载完毕，如果已经下载完毕则通过 gotoAndPlay 控制整个 Flash 的播放。

以一个 Loading 文件为例，在场景里插入 MC：

ifFrameLoaded ("end") {

gotoAndPlay（"开始播放的地方"）；

}

3．文本导入

在我们制作全 Flash 网站的过程中经常需要体现一定量的文字内容，文本的内容表现与上面介绍的流程是一样的，在不同的地方体现文字内容，其最后的表现效果和处理手法还是有些不同的。

方法一：文本图形法

如果文本内容不多，又希望将文本内容做得有动态效果，可以采用此法。将需要的文本做成若干个 Flash 的元件，在相应的位置安排好。文本图形法的文件载入与上面介绍的处理手法比较类似，原理都差不多。具体动态效果就有待大家自己去考虑，这里就不再多介绍。

方法二：直接导入法

文本导入法可以将独立的.txt 文本文件，通过 loadVariables 导入到 Flash 文件内，修改时只需要修改.txt 文本内容就可以实现 Flash 相关文件的修改，非常方便。

在文本框属性中设置 Var：变量名（注意这个变量名）。

为文本框所在的帧添加 ActionScript 代码：

loadVariables（"变量名.txt"，""）；

编写一个纯文本文件.txt（文件名随意），文本开头为"变量名="，"="后面写上正式的文本内容。

二、构思网站结构，合理规划

合理的网站栏目结构，其实没有什么特别之处，无非是能正确表达网站的基本内容及其内容之间的层次关系，站在用户的角度考虑，使得用户在网站中浏览时可以方便地获取信息，不至于迷失，做到这一点并不难，关键在于对网站结构的重要性有充分的认识。归纳起来，合理的网站栏目结构主要表现在以下几个方面：

- 通过主页可以到达任何一个一级栏目首页、二级栏目首页以及最终内容页面。
- 通过任何一个网页可以返回上一级栏目页面并逐级返回主页。
- 主栏目清晰并且全站统一。

● 通过任何一个网页可以进入任何一个一级栏目首页。

不同主题的网站对网页内容的安排会有所不同，但大多数网站首页的页面结构都会包括页面标题、网站LOGO、导航栏、登录区、搜索区、热点推荐区、主内容区和页脚区，如图10-17所示。其他页面不需要设置得如此复杂了，一般由页面标题、网站LOGO、导航栏、主内容区和页脚区等构成。

进行网站设计不是把所有内容放置到网页中就行了，还需要我们把网页内容进行合理的排版布局，以给浏览者赏心悦目的感觉，增强网站的吸引力。在设计布局时我们要注意把文字、图片在网页空间上均匀分布，将不同形状、色彩的网页元素要相互对比，以形成鲜明的视觉效果。常见的布局结构有"同"字形布局、"国"字形布局、"匡"字形布局、"三"字形布局和"川"字形布局等。

1）"同"字形布局：所谓"同"字形结构，就是整个页面布局类似"同"字，页面顶部是主导航栏，下面左右两侧是二级导航条、登录区、搜索区等，中间是主内容区，如图10-1所示。

图10-1 网站首页页面结构

2）"国"字形布局：它是在"同"字形布局上演化而来的，它在保留"同"字形的同时，在页面的下方增加一横条状的菜单或广告，如图10-2所示。

图10-2 "国"字形布局页面

183

3）"匡"字形布局：这种布局结构去掉了"国"字形布局的右边的边框部分，给主内容区释放了更多空间，内容看起来虽然比较多，但布局整齐又不过于拥挤，适合一些下载类和贺卡类站点使用，如图10-3所示。

图10-3 "匡"字形布局页面

4）"三"字形布局：这种布局一般应用在简洁明快的艺术性网页上，它一般采用简单的图片和线条代替拥挤的文字，给浏览者以强烈的视觉冲击，如图10-4所示。

图10-4 "三"字形布局页面

5）"川"字形布局：整个页面在垂直方向分为三列，网站的内容按栏目分布在这三列中，最大限度地突出主页的索引功能，一般适用在栏目较多的网站里，如图10-5所示。

在实际设计中我们也不要局限于以上几种布局格式，有时候稍作适当的变化会收到意想不到的效果，另外，平时在浏览网页时要多留心别人的布局方式，遇到好的布局就可以保存下来作为我们设计布局的参考。

图 10-5 "川"字形布局页面

三、网站页面色彩的规划

网页中色彩的应用是网页设计中非常重要的环节。赏心悦目的网页，色彩的搭配都是和谐优美的。在确定网站的主题后，我们就要了解哪些颜色适合站点使用，哪些不适合，这主要根据人们的审美习惯和站点的风格来定，一般情况下要注意以下几点：1）忌讳使用强烈对比的颜色搭配做主色；2）配色应简洁，主色要尽量控制在三种以内；3）背景和内容的对比要明显，少用花纹复杂的背景图片，以便突出显示文字内容。

结合一些著名网站的颜色搭配方法，可以让我们的学习少走弯路，快速提高网页制作水平。

1．网页颜色原理和象征意义

所有网页上的颜色，在 HTML 下看到的是以颜色英文单词或者十六进制的表示方法（如 #000000 表示为黑色）。不同的颜色代表不同的含义，会给人各种丰富的感觉和联想。

2．网页颜色的使用风格

不同的网站有着自己不同的风格，也有着自己不同的颜色。网站使用颜色大概分为几种类型：

（1）公司色

在现在企业中，公司的 CI 形象显得尤其重要，每一个公司的 CI 设计必然要有标准的颜色。比如××网的主色调是一种介于浅黄和深黄之间的颜色，同时形象宣传、海报、广告使用的颜色都和网站的颜色一致。再比如××投资公司的主色调是蓝色。这样的颜色使用到网站上显得色调自然、底蕴深厚。

（2）风格色

许多网站使用颜色秉承的是公司的风格。比如海尔使用的颜色是一种中性的绿色，既充满朝气又不失自己的创新精神。女性网站使用粉红色的较多，大公司使用蓝色的较多......这些都是在突出自己的风格。

（3）习惯色

有些网站在颜色的使用上，往往根据个人喜好来设计，比如自己喜欢红色、紫色、黑色等，在做网站的时候就倾向于这种颜色，此类网站以个人网站居多。每一个人都有自己喜欢的颜色，因此这种类型称为习惯色。

如果你对颜色的搭配没有经验，可以使用 Dreamweaver 的配色方案来学习简单的配色，开启 Dreamweaver，执行"命令→设定配色方案"进入配色选择窗口，这里提供了多种背景、文本和链接的颜色，可以根据你的需要来选择搭配。当然，你也可以使用一些专门的网页配色软件如"ColorImpact"、"三生有幸"等来辅助你搭配好网站的色彩。

四、界面设计

界面是软件与用户交互的最直接的层，界面的好坏决定用户对软件的第一印象，而且设计良好的界面能够引导用户自己完成相应的操作，起到向导的作用。同时，界面如同人的面孔，具有吸引用户的直接优势。设计合理的界面能给用户带来轻松愉悦的感受和成功的感觉，相反由于界面设计的失败，让用户有挫败感，再实用强大的功能都可能在用户的畏惧与放弃中付诸东流。目前界面的设计引起软件设计人员的重视程度还远远不够，直到最近网页制作的兴起，才受到专家的青睐。

在确定网站的界面时要注意以下三点：

（1）板块与栏目编排

构建一个网站就好比写一篇论文，首先要列出题纲，才能主题明确、层次清晰。网站建设初学者，最容易犯的错误就是：确定题材后立刻开始制作，没有进行合理规划。从而导致网站结构不清晰，目录庞杂混乱，板块编排混乱等。结果不但浏览者看得糊里糊涂，制作者自己在扩充和维护网站时也相当困难。所以，我们在动手制作网页前，一定要考虑好栏目和板块的编排问题。

网站的题材确定后，就要将收集到的资料内容作一个合理的编排。比如，将一些最吸引人的内容放在最突出的位置或者在版面分布上让其占优势地位。栏目的实质是一个网站的大纲索引，索引应该将网站的主体明确显示出来。在制定栏目的时候，要仔细考虑、合理安排。在栏目编排时需要注意的是：

● 尽可能将网站内最有价值的内容列在栏目上。

● 尽可能从访问者角度来编排栏目以便访问者的浏览和查询；辅助内容，如站点简介、版权信息、个人信息等大可不必放在主栏目里，以免冲淡主题。

另外，板块的编排设置也要合理地进行安排与划分。板块比栏目的概念要大一些，每个板块都有自己的栏目。举个例子：eNet 硅谷动力网站的站点分新闻、产品、游戏、学院等板块，每个板块下面又各有自己的主栏目。一般来说，个人站点内容较少，只要分个栏目也就够了，不需要设置板块。如果有必要设置板块的，应该注意：

● 各板块要有相对独立性。

● 各板块要相互关联。

● 各板块的内容要围绕站点主题。

（2）目录结构与链接结构

网站的目录是指建立网站时创建的目录。例如：在用 Frontpage 建立网站时都默认建立了根目录和 Images 子目录。目录的结构是一个容易忽略的问题，大多数站长都是未经规划，随意创建子目录。目录结构的好坏，对浏览者来说并没有什么太大的感觉，但是对于站点本身的维护、以后内容的扩充和移植有着重要的影响。所以建立目录结构时也要仔细安排。

1）不要将所有文件都存放在根目录下。有些网站制作者为了方便，将所有文件都放在根目录下。这样就很容易造成：文件管理混乱，搞不清哪些文件需要编辑和更新，哪些无用的文件可以删除，哪些是相关联的文件，影响了工作效率；上传速度变慢，服务器一般都会为根目录建立一个文件索引，如果将所有文件都放在根目录下，那么即使只上传更新一个文件，服务器也需要将所有文件再检索一遍，建立新的索引文件，很明显，文件量越大，等待的时间也将越长。

2）按栏目内容建立子目录。子目录的建立，首先按主栏目建立。友情链接内容较多，需要经常更新的栏目可以建立独立的子目录。而一些相关性强，不需要经常更新的栏目，比如网站简介、站长情况等可以合并放在一个统一的目录下。所有程序一般都存放在特定目录，例如：CGI 程序放在 cgi-bin 目录，所有提供下载的内容也最好放在一个目录下，便于维护管理。

3）在每个主目录下都建立独立的 Images 目录。一般来说，一个站点根目录下都有一个默认的 Images 目录。将所有图片都存放在这个目录里很不方便，比如在栏目删除时，图片的管理相当麻烦。所以为每个主栏目建立一个独立的 Images 目录是方便维护和管理的。

其他需要注意的还有：目录的层次不要太深，不要超过 3 层；不要使用中文目录，使用中文目录可能对网址的正确显示造成困难；不要使用过长的目录，太长的目录名不便于记忆；尽量使用意义明确的目录，以便于记忆和管理。

网站的链接结构是指页面之间相互链接的拓扑结构。它建立在目录结构基础之上，但可以跨越目录。形象地说：每个页面都是一个固定点，链接则是在两个固定点之间的连线。一个点可以和一个点连接，也可以和多个点连接。更重要的是，这些点并不是分布在一个平面上，而是存在于一个立体的空间中。一般的，建立网站的链接结构有两种基本方式：

①树状链接结构，这种结构类似 DOS 的目录结构。首页链接指向一级页面，一级页面链接指向二级页面。用这样的链接结构进行网页浏览时，是一级级进入、一级级退出，条理比较清晰，访问者明确知道自己在什么位置，不会"不知身在何处"，但是浏览效率低，若想从一个栏目下的子页面到另一个栏目下的子页面，则必须回到首页才能进行。

②星状链接结构，这种结构类似网络服务器的链接，每个页面相互之间都建立有链接。这样浏览比较方便，随时可以到达自己喜欢的页面。但是由于链接太多，容易使浏览者迷路，从而搞不清楚自己在什么位置、看了多少内容。

因此，在实际的网站设计中，总是将这两种结构混合起来使用。网站希望浏览者既可以方便快速地到达自己需要的页面，又可以清晰地知道自己的位置。所以，最好的办法是：首页和一级页面之间用星状链接结构，一级和二级页面之间用树状链接结构。关于链接结构的设计，在实际的网页制作中是非常重要的一个环节，采用什么样的链接结构直接影响到版面的布局。

五、进行场景规划

（1）网站的结构图（见图 10-6）

网站栏目：News、About、E-mail、Gallery、Cartoon、Animation

About 子栏目：We are、Member、Relationship、Contact Us

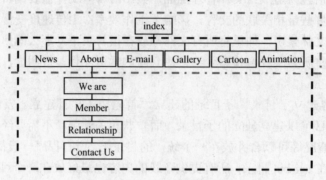

图 10-6　网站的结构图

图中蓝线部分构成主场景（舞台），每个子栏目在首页里仅保留名称，属性为按钮。

黑线部分内容为次场景（演员），可以将次场景内容做在一个文件内，同时也可以做成若干个独立文件，根据需要导入到主场景（舞台）内。

（2）界面设计

全 Flash 网站由主场景、子场景、次子场景……构成。

和制作 html 网站类似，一般我们会制作一个主场景 index.swf，主要内容包括：长宽比例、背景、栏目导航按钮、网站名称等"首页"信息。最后发布成一个 html 文件，或者自己做一个 html 页面，内容就是一个表格，里面写上 index.swf 的嵌入代码即可。

主场景安排如图 10-7 所示。

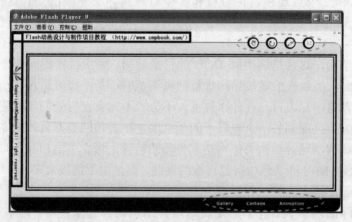

图 10-7　主场景安排

图中粗黑线条部分为网站名称、版权等固定信息区，通常所在位置为 Flash 动画的边缘位置。

虚线部分内容为网站栏目导航按钮，通常也是固定在某个区域。按钮可以根据需要做成静态或动态效果，甚至可以做成一个包含 MC 变化的 Button。

双线条部分为主场景导入子文件的演示区域。

在子文件的装载方面主要用到 LoadMovieNum、UnloadMovieNum 这两个控制函数。

这里我们以子栏目 Cartoon 的制作为例。主场景文件 index 中有一个按钮 Cartoon，当点击 Cartoon 按钮时希望导入 Cartoon 文件夹下的 200208.swf 文件。所以我们在场景内选择 Cartoon 按钮，添加 Action 代码：

```
on (release) {
loadMovieNum("cartoon/200208.swf", 1);
unloadMovieNum (2)；
}
```

注意这里我们设置 level 为 1。

（3）次场景 200208.swf 的制作

（4）现在确定 Cartoon 子栏目需要导入的文件 200208.swf，该文件计划包含 5 个子文件。所以 200208.swf 文件的界面只包含用于导入 5 个独立子文件的 5 个图形按钮和一个标题。200208.swf 文件如图 10-8 所示。

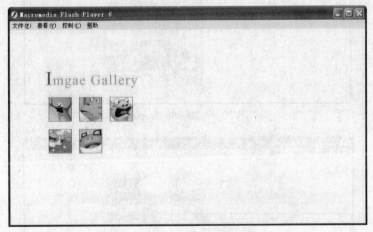

图 10-8　200208.swf

从图 10-8 中大家可以看到，200208.swf 文件包含 5 个属性为 button 的小图标，分别为 Bu_2_frog01 到 Bu_2_frog05。我们需要的效果是：点击它们则分别导入相应文件 200208_frog01.swf 到 200208_frog05.swf 文件。

我们在场景内选择 Bu_2_frog01，为这个按钮添加 ActionScript：

```
on (release) {
loadMovieNum("cartoon/200208_frog01.swf", 2);
}
```

点击 Bu_2_frog02，为这个按钮添加 ActionScript：

```
on (release) {
loadMovieNum("cartoon/200208_frog02.swf", 2);
}
```

依次将 5 个 button 分别设置好相对应的 action 以便调用相应的文件。

注意

> 这里我们设置 level 为 2，是为了保留并区别主场景 1 而设置的导入的层次数，如果需要导入下一级的层数，则层数增加为 3，依此类推。

（5）二级次场景制作（200208_frog01～200208_frog05）

（6）这里的二级次场景是与上级关联的内容，是本例中三级结构中的最后一级。该级主要为全 Flash 网站的具体内容部分，可以是详细的图片、文字、动画内容。这里需要链接的是以具体图片为内容，但同样需要做成与主场景比例同等的 swf 文件，如图 10-9、10-10 所示。

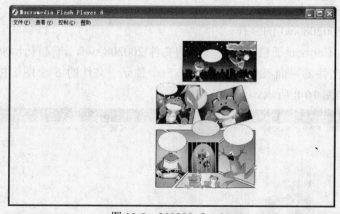

图 10-9　200208_frog01

图 10-10　200208_frog02

例如：该场景是最底层场景，为主体内容显示部分，具体动画效果大家可以根据需要做得更深入些。注意要在场景最后一帧处加入停止 ActionScript 代码：stop（）；这样可以停止场景动画的循环动作。

将主体内容完整导入到主场景内的效果如图 10-11 所示。

图 10-11 将主体内容完整导入到主场景内的效果

（7）About 中的文本导入

（8）查看本例的 About 子栏目，在文件 index.fla 里设置 About 按钮的 action：

（9）on (release) {

loadMovieNum("aboutus.swf", 1);

unloadMovieNum (2);

}

在 aboutus.fla 文件中做好显示文本的文本框，文本框属性设置为多行（Multiline），Var：aboutus（注意这个变量名）。

为文本框所在的帧加 ActionScript 代码：

loadVariables("aboutus.txt", "");

在 aboutus.swf 文件所属目录下编写一个纯文本文件 about.txt，文本开头为"aboutus="，"="后面写上正式的文本内容，如图 10-12 所示。

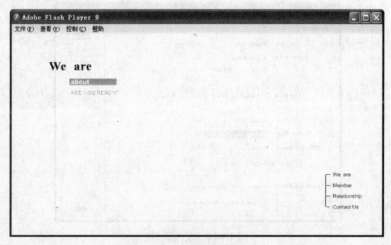

图 10-12 编写纯文本文件

将文本文件完整导入到主场景内的效果如图 10-13 所示。

图 10-13　将文本文件完整导入到主场景内的效果

知识链接

　　1. 注意所有子文件的长、宽属性

　　全 Flash 网站从画面层次来看，非常类似 Photoshop 的层结构，我们可以把每个子场景看作为一个层文件，子文件是在背景的长宽范围内出现。为了方便定位，我们可以让子文件与主场景保持统一的长宽比例，这样非常便于版面安排。否则就必须用 setProperty 语句小心控制它们的位置。

　　2. 发布文件时注意将 html 选项发布为透明模式

　　需要将每个子文件发布为透明模式的原因是不能让子文件带有背景底色，由于子文件的长宽比例与主场景基本是一致的，如果子文件带有底色，就会遮盖主场景的内容。

　　设置方法：在发布设置里勾选 html 选项，在 html 面板里选择 windows mode:Transparent Windowless，如图 10-14 所示。

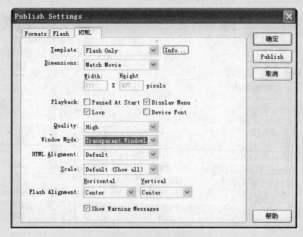

图 10-14　发布设置

3. 使用文本导入时，注意文本文件开头的内容必须是"与文本框属性中 Var 定义名相同的字符串=正文"。另外需要导入文本的 swf 文件与被导入的 txt 文本文件最好在同一目录内

4. 注意仔细检查文件之间的调用是否正确，避免出现"死链接"

项目总结

通过本项目，我们了解了 Flash 全网站制作的流程，掌握了 Flash 网站建设、导入文本文件的方法、网站场景的规划设计、整个网站的整合等技法。

项目实践

模仿本例设计并制作自己的个人网站。

附 录

附录 A 快 捷 键

在 Flash 中查看或打印当前的快捷键设置：

选择菜单"编辑"→"快捷键"。在"快捷键"对话框中，从"当前设置"下拉菜单中选择要查看的快捷键设置。单击"将设置导出为 HTML"按钮，在打开的"另存为"对话框中，为导出的 HTML 文件选择一个名称和位置。默认文件名为所选快捷键设置的名称。单击"保存"命令按钮，在选择的文件夹中找到导出的文件，然后在 Web 浏览器中打开此文件。要打印此文件，请使用浏览器的"打印"命令。

工具

工 具 名 称	快 捷 键	工 具 名 称	快 捷 键
箭头工具	【V】	画笔工具	【B】
部分选取工具	【A】	任意变形工具	【Q】
线条工具	【N】	填充变形工具	【F】
套索工具	【L】	墨水瓶工具	【S】
钢笔工具	【P】	颜料桶工具	【K】
文本工具	【T】	滴管工具	【I】
椭圆工具	【O】	橡皮擦工具	【E】
矩形工具	【R】	手形工具	【H】
铅笔工具	【Y】	缩放工具	【Z】,【M】

菜单命令

菜 单 命 令	快 捷 键	菜 单 命 令	快 捷 键
新建 Flash 文件	【Ctrl】+【N】	新建元件	【Ctrl】+【F8】
打开 Flash 文件	【Ctrl】+【O】	新建空白帧	【F5】
作为库打开	【Ctrl】+【Shift】+【O】	新建关键帧	【F6】
关闭	【Ctrl】+【W】	删除帧	【Shift】+【F5】
保存	【Ctrl】+【S】	删除关键帧	【Shift】+【F6】
另存为	【Ctrl】+【Shift】+【S】	显示\隐藏场景工具栏	【Shift】+【F2】
导入	【Ctrl】+【R】	修改文档属性	【Ctrl】+【J】
导出影片	【Ctrl】+【Shift】+【Alt】+【S】	优化	【Ctrl】+【Shift】+【Alt】+【C】
发布设置	【Ctrl】+【Shift】+【F12】	添加形状提示	【Ctrl】+【Shift】+【H】
发布预览	【Ctrl】+【F12】	缩放与旋转	【Ctrl】+【Alt】+【S】
发布	【Shift】+【F12】	顺时针旋转 90°	【Ctrl】+【Shift】+【9】

（续）

菜单命令	快捷键	菜单命令	快捷键
打印	【Ctrl】+【P】	逆时针旋转 90°	【Ctrl】+【Shift】+【7】
退出 Flash	【Ctrl】+【Q】	取消变形	【Ctrl】+【Shift】+【Z】
撤销命令	【Ctrl】+【Z】	移至顶层	【Ctrl】+【Shift】+【↑】
剪切到剪贴板	【Ctrl】+【X】	上移一层	【Ctrl】+【↑】
复制到剪贴板	【Ctrl】+【C】	下移一层	【Ctrl】+【↓】
粘贴剪贴板内容	【Ctrl】+【V】	移至底层	【Ctrl】+【Shift】+【↓】
粘贴到当前位置	【Ctrl】+【Shift】+【V】	锁定	【Ctrl】+【Alt】+【L】
复制所选内容	【Ctrl】+【D】	解除全部锁定	【Ctrl】+【Shift】+【Alt】+【L】
全部选取	【Ctrl】+【A】	左对齐	【Ctrl】+【Alt】+【1】
取消全选	【Ctrl】+【Shift】+【A】	水平居中	【Ctrl】+【Alt】+【2】
剪切帧	【Ctrl】+【Alt】+【X】	右对齐	【Ctrl】+【Alt】+【3】
拷贝帧	【Ctrl】+【Alt】+【C】	顶对齐	【Ctrl】+【Alt】+【4】
粘贴帧	【Ctrl】+【Alt】+【V】	垂直居中	【Ctrl】+【Alt】+【5】
清除帧	【Alt】+【退格】键	底对齐	【Ctrl】+【Alt】+【6】
选择所有帧	【Ctrl】+【Alt】+【A】	按宽度均匀分布	【Ctrl】+【Alt】+【7】
编辑元件	【Ctrl】+【E】	按高度均匀分布	【Ctrl】+【Alt】+【9】
首选参数	【Ctrl】+【U】	设为相同宽度	【Ctrl】+【Shift】+【Alt】+【7】
转到第一个	【HOME】	设为相同高度	【Ctrl】+【Shift】+【Alt】+【9】
转到前一个	【PGUP】	相对舞台分布	【Ctrl】+【Alt】+【8】
转到下一个	【PGDN】	转换为关键帧	【F6】
转到最后一个	【END】	转换为空白关键帧	【F7】
放大视图	【Ctrl】+【+】	组合	【Ctrl】+【G】
缩小视图	【Ctrl】+【-】	取消组合	【Ctrl】+【Shift】+【G】
100%显示	【Ctrl】+【1】	打散分离对象	【Ctrl】+【B】
缩放到帧大小	【Ctrl】+【2】	字体样式设置为正常	【Ctrl】+【Shift】+【P】
全部显示	【Ctrl】+【3】	字体样式设置为粗体	【Ctrl】+【Shift】+【B】
高速显示	【Ctrl】+【Shift】+【Alt】+【F】	字体样式设置为斜体	【Ctrl】+【Shift】+【I】
消除锯齿显示	【Ctrl】+【Shift】+【Alt】+【A】	文本左对齐	【Ctrl】+【Shift】+【L】
消除文字锯齿	【Ctrl】+【Shift】+【Alt】+【T】	文本居中对齐	【Ctrl】+【Shift】+【C】
显示\隐藏时间轴	【Ctrl】+【Alt】+【T】	文本右对齐	【Ctrl】+【Shift】+【R】
显示\隐藏工作区以外部分	【Ctrl】+【Shift】+【W】	分散到图层	【Ctrl】+【Shift】+【D】
显示\隐藏标尺	【Ctrl】+【Shift】+【Alt】+【R】	文本两端对齐	【Ctrl】+【Shift】+【J】
显示\隐藏网格	【Ctrl】+【'】	增加文本间距	【Ctrl】+【Alt】+【→】
对齐网格	【Ctrl】+【Shift】+【'】	减小文本间距	【Ctrl】+【Alt】+【←】
编辑网格	【Ctrl】+【Alt】+【G】	重置文本间距	【Ctrl】+【Alt】+【↑】
显示\隐藏辅助线	【Ctrl】+【;】	播放\停止动画	【Enter】
锁定辅助线	【Ctrl】+【Alt】+【;】	后退	【Ctrl】+【Alt】+【R】
对齐辅助线	【Ctrl】+【Shift】+【;】	单步向前	【>】
编辑辅助线	【Ctrl】+【Shift】+【Alt】+【G】	单步向后	【<】
对齐对象	【Ctrl】+【Shift】+【/】	测试影片	【Ctrl】+【Enter】
显示形状提示	【Ctrl】+【Alt】+【H】	调试影片	【Ctrl】+【Shift】+【Enter】
显示\隐藏边缘	【Ctrl】+【H】	测试场景	【Ctrl】+【Alt】+【Enter】
显示\隐藏面板	【F4】	启用简单按钮	【Ctrl】+【Alt】+【B】
转换为元件	【F8】		

附录 B　使用实例名的扩展名触发代码提示

如果是在 ActionScript 1.0 或者在 ActionScript 2.0 创建对象时未严格指定类型，而又想显示这些对象的代码提示，则必须在创建每个对象时在其名称后添加特殊扩展名。Flash 帮助中列出了支持自动代码提示所需的后缀。

对 象 类 型	变量扩展名
Array	-array
按钮	-btn
摄像头	-cam
Color	-color
对象类型	变量后缀
ContextMenu	-cm
ContextMenuIem	-cmi
日期	-date
Error	-err
Locadvars	-lv
LocalConnection	-lc
麦克风	Mic
MovieClip	-mc
MovieClipLoader	-mcl
PrintJob	-pj
NetConnection	-nc
Netsteam	-ns
SharedObject	-so
Sound	-sound
字符串	-str
TextField	-txt
TextFormat	-fmt
Video	-video
XML	-xml
XMLNode	-xmlnode
XMLSocjet	-xmlsocket

参 考 文 献

[1] 智丰工作室邓文达. Q 版角色绘画与场景设计[M]. 北京：人民邮电出版社，2009.

[2] 王迪. 电脑动画设计与制作[M]. 北京：高等教育出版社，2006.

[3] 吴志华，邱军虎. Flash CS3 动画制作一点通[M]. 北京：科学出版社，2009.

[4] 刘小林. 动画概论[M]. 北京：东方出版中心，2008.

[5] 王乃华，李铁. 动画编剧[M]. 北京：清华大学出版社，2007.

[6] 李如超，杨文武. 动画设计与制作—Flash 8[M]. 北京：人民邮电出版社，2008.

[7] 李杰. 原画[M]. 北京：机械工业出版社，2004.

[8] 张翼，姬申晓. 动画技法[M]. 北京：中国劳动社会保障出版社，2009.

[9] 胡崧. Flash CS3 特效设计经典 150 例[M]. 北京：中国青年出版社，2008.